编程历史

软件史上有一些惊人的发现，程序会告诉计算机如何工作和做什么。

1969 1971 1979 1984 1986 1992 2003 2014

阿帕网

第一个计算机网络建成，现代互联网是在阿帕网的基础上建立起来的。

电子邮件

雷·汤姆林森创建了第一个电子邮件程序，用来发送电子信息。

文字之星

Micropro 公司发布第一款文字处理软件，让人们可以在计算机上轻松地编写文档。

MacPaint 和 MacWrite

苹果公司在其 Mac 计算机上发布两个程序，使得用户可以通过计算机绘画和编写文档。

1983 年推出的 Apple Lisa 是世界上最早的个人台式机之一。

计算机病毒

“Brain”是第一款针对微软操作系统 DOS 的计算机病毒。它的作者是一对巴基斯坦兄弟。

网络浏览器

世界上第一个普通使用和能显示图片的网络浏览器——Mosaic 诞生。

社交媒体

世界上第一个社交媒体网络诞生，名叫“六度空间”。

HTML5

万维网最初的 HTML 代码已经更新到 HTML5，程序员使用起来更容易。

我想了解的东西：

DK 小科学馆

编 程

英国 DK 公司 编著 周小丽 译

中信出版集团 | 北京

DK | Penguin Random House

Original Title: DK Findout! Coding

图书在版编目（CIP）数据

DK 小科学馆 . 编程 / 英国 DK 公司编著 ; 周小丽译
. -- 北京 : 中信出版社 , 2020.12（2022.8 重印）
书名原文： DK Findout! Coding
ISBN 978-7-5217-0836-3

Ⅰ . ① D… Ⅱ . ①英… ②周… Ⅲ . ①科学知识－儿童读物 ②程序设计－儿童读物 Ⅳ . ① Z228.1 ② TP311.1-49

中国版本图书馆 CIP 数据核字（2019）第 147638 号

DK小科学馆 · 编程

编　　著：英国DK公司
译　　者：周小丽
出版发行：中信出版集团股份有限公司
（北京市朝阳区惠新东街甲4号富盛大厦2座　邮编　100029）
承 印 者：当纳利（广东）印务有限公司

开　　本：787mm × 1092mm　1/16　　印　　张：4　　字　　数：100千字
版　　次：2020年12月第1版　　印　　次：2022年8月第4次印刷
京权图字：01-2018-7707
书　　号：ISBN 978-7-5217-0836-3
定　　价：36.00元

本书作者为詹姆斯·弗洛伊德·凯利。

出品　中信儿童书店
策划　红披风
策划编辑　舒昕
责任编辑　郝兰
营销编辑　马英　谢沐　严婧　刘天怡
装帧设计　颂煜文化
封面设计　哈_哈　李一

For the curious
www.dk.com

混合产品
源自负责任的森林资源的纸张
FSC® C018179
FSC www.fsc.org

目录

USB 闪存盘

鼠标

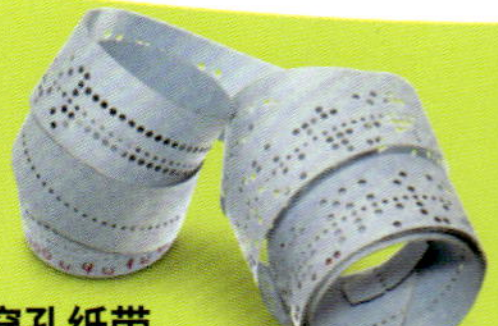
穿孔纸带

主板

艾伦 · 图灵

虫子

第一台计算机

图形编码

App 应用

机器人

软盘

程序员在一起工作

什么是程序员？

程序员是一群编写计算机程序代码的人。计算机程序是一组指令，用来告诉计算机要做什么。许多程序员自学编程，另一些则在学校学习。程序员需要掌握各种不同的技能才能编写出优秀的程序。

团队编程

虽然不少程序员是单独工作，但大多数程序员都是团队工作。团队合作意味着程序可以编写得更快，错误更少，而且有助于向他人学习新技能。

逻辑思考

计算机在运行程序时遵循特定的规则和逻辑。程序员在编写代码时要像计算机那样思考，编写出程序工作时需要的所有步骤。

Pepper 机器人

代码可以让 Pepper 机器人用人类的情感朗读。

许多语言

用不同的计算机语言编写代码是一项很有价值的技能。为了编写新型程序，程序员必须不断学习新的编程语言。

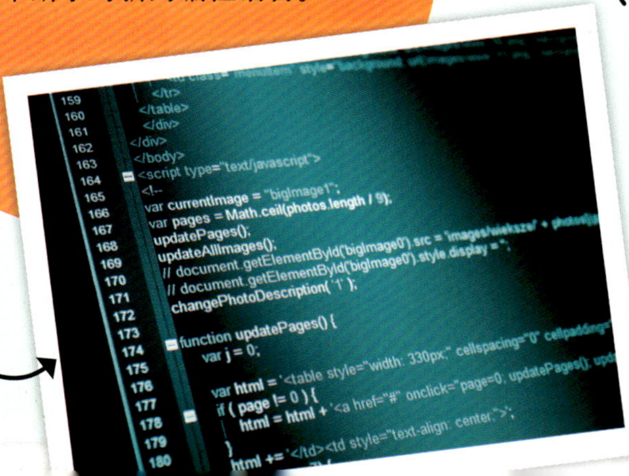

创建代码

一个典型程序员的电脑屏幕上充满了这样的代码。

测试新型的平板电脑

紧跟时代

技术在不断变化，程序员必须掌握最新的编程语言和计算机技术。这样能帮助他们找到工作，为最新的设备开发程序。

精益求精

程序员必须不断检查和复查代码，确保程序能够正常工作。指令需要清晰、详细，能分解成易于遵循的小段代码。

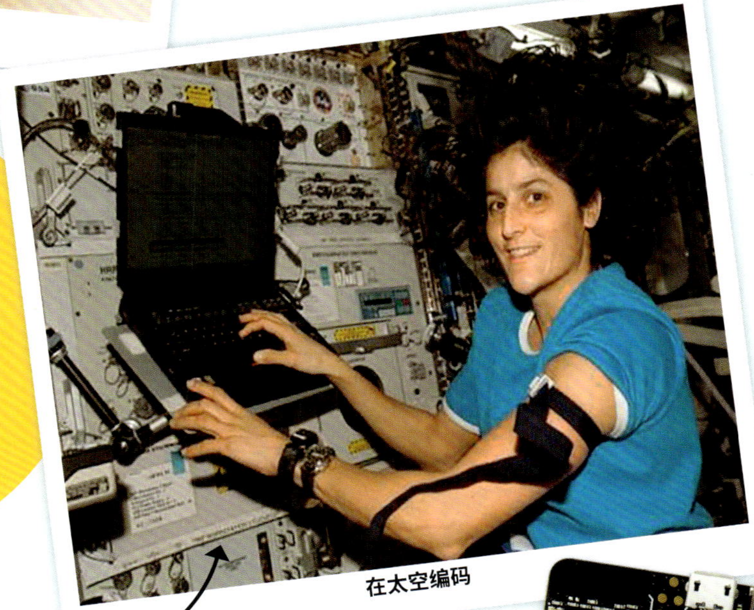

在太空编码

太空编码

宇航员、飞行工程师苏尼塔 · 威廉斯在太空中使用她的笔记本电脑。

Micro: bit

用于学校的编程教学

怎样成为一名程序员？

无论你年龄多小，都可以学习编程。有大量的书籍和网络知识可以教你编程。你也可以在学校学习编程，或者在住所附近找找有没有什么编程培训班。

学校里的孩子在编码

树莓派

一种迷你型计算机，可以向人们演示计算机是如何工作的。

身边的代码

一提到编程，我们首先会联想到计算机，而对代码却感到陌生。其实代码在我们身边随处可见。纵观历史，人类创造了许多不同的代码用于交流。有些代码是用来发送秘密消息的，有些代码则能跨越长距离传递信息。即使是看不见或听不见的人，也可以用代码交谈。

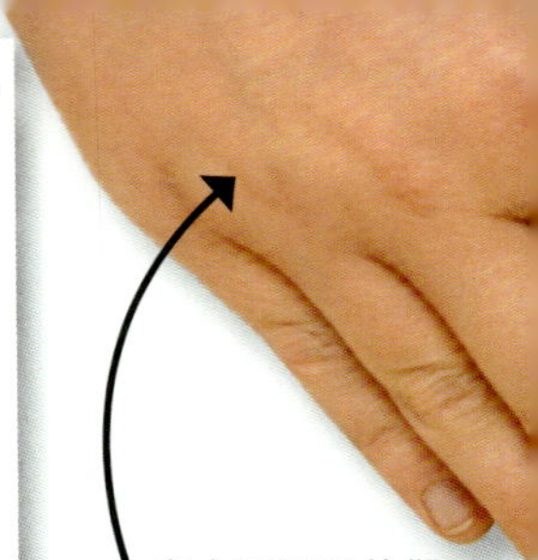

盲人可以用他们的手阅读盲文。

莫尔斯电码

莫尔斯电码通过电线远距离发出信息，每一个字母用一些点和短线表示。这些点和短线是在一种特殊机器上敲打出来的。

莫尔斯电码电报机

A	·–	M	––	Y	–·––
B	–···	N	–·	Z	––··
C	–·–·	O	–––	1	·––––
D	–··	P	·––·	2	··–––
E	·	Q	––·–	3	···––
F	··–·	R	·–·	4	····–
G	––·	S	···	5	·····
H	····	T	–	6	–····
I	··	U	··–	7	––···
J	·–––	V	···–	8	–––··
K	–·–	W	·––	9	––––·
L	·–··	X	–··–	0	–––––

这是一个短音或一个点。

这是一个长音或一个短线。

! 哇哦！

古埃及语有 700 多个不同的象形文字。

图画语言

古埃及语没有字母系统。相反，他们使用一些图画来代表声音和文字，这种图画被称为象形文字。

这块石头上刻满了象形文字。

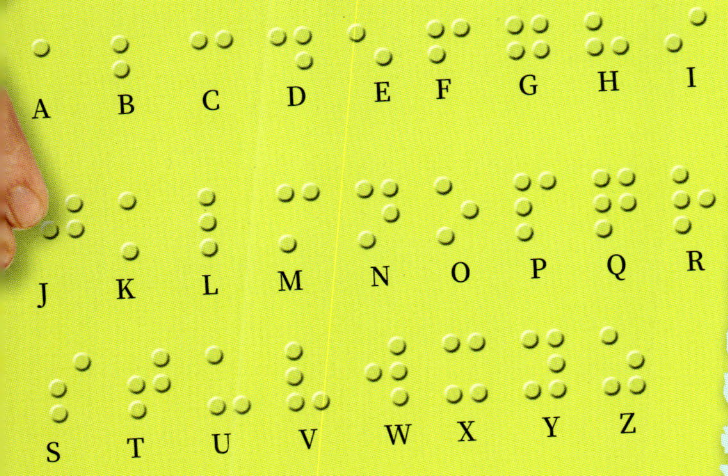

盲文

有些盲人使用盲文读写，盲文中会用不同的凸点表示字母和数字。

旗语

旗语是一种信号系统，人们通过手持旗帜传递消息。海上的轮船经常使用旗语，因为从远处很容易看到旗帜。旗帜放在不同的位置可以传递不同的信息。

这位女士在学习手语。

手语

因为聋人听不到声音，所以他们用手语交流。字母、数字和单词都可以用各种各样的手势表示。

计算机发明之前的编程

其实在现代计算机发明之前，人们就已经开始创造代码了。许多早期的程序采用穿孔卡片的形式，这些卡片代表一组指令，机器读取后可以执行不同的任务。

移动盒子里的滚筒和齿轮执行求和运算。

帕斯卡加法器

帕斯卡加法器是法国数学家布莱士 · 帕斯卡发明的，这是一个简单的加减法计算设备。

雅卡尔织布机

一种由约瑟夫 · 雅卡尔发明的织布机，它可以按照有孔卡片上的指令在织物上编织图案。

小档案

- **时间**：19 世纪早期
- **功能**：织布
- **趣事**：直到今天，织物图案仍然要由特殊的计算机程序设计。

人口普查机

赫尔曼 · 霍尔瑞斯发明的这台机器记录了 1890 年美国人口普查的数据，它使用穿孔卡片记录人们的年龄和性别等信息。

办事员坐在办公桌前，将穿孔卡片插入机器里。

每一个数字都显示在刻度盘上方的盒子内。

转动刻度盘输入数字。

小档案

- **时间**：1642 年
- **功能**：计算器
- **趣事**：发明这台机器的时候，帕斯卡只有 19 岁。

小档案

- **时间**：1890 年
- **功能**：统计收集的数据
- **趣事**：霍尔瑞斯的公司是著名的 IBM（国际商业机器公司）的前身。

自动演奏钢琴

19 世纪 50 年代开始，许多能自行演奏的钢琴被发明出来。这些钢琴使用带孔的乐谱纸卷控制音符弹奏。

小档案

- **时间**：19 世纪
- **功能**：能自动演奏的钢琴
- **趣事**：又名自动钢琴，这种钢琴直到今天仍在使用。

替换纸卷可以演奏不同的音乐片段。

钢琴弹奏时，琴键上下移动。

阿达·勒芙蕾丝访谈录

编程先锋

1842 年，英国数学家阿达 · 勒芙蕾丝成为世界上第一位计算机程序员。她最为人所知的成就是为查尔斯 · 巴贝奇发明的早期计算机编写算法，这一举措为计算机的发展铺平了道路。以下是与聪明的伯爵夫人的假想对话。

小档案

- **人物：** 奥古斯塔 · 阿达 · 金 · 诺尔，勒芙蕾丝伯爵夫人
- **时间：** 1815—1852
- **趣事：** 阿达 12 岁时想造一架飞行器！

问： 阿达，您是什么时候发现自己擅长数学的？

答： 很早！当我还是个孩子的时候，我就已经非常擅长解决数学问题了。

问： 您来自一个数学天才家庭吗？

答： 完全不是！ 我的父亲是著名诗人拜伦勋爵。家里请了老师教我学习科学和数学，虽然这些科目对年轻女孩来说并不常见。不过，很快我就发现自己在这些方面很擅长。

问： 您是怎么认识计算机天才查尔斯 · 巴贝奇的？

答： 我有幸在 1833 年遇见他，当时他正在英国剑桥大学授课。

绘于 1840 年的阿达水彩肖像。

他向我展示他那台差分机，其设计的目的是防止人们发生数学计算错误。

问： 听说查尔斯给您取过昵称，对吗？

答： 是的，查尔斯叫我“数字女巫”，而他自己则被叫作“计算机之父”。

问： 和我们谈谈您和查尔斯一起工作过的那台机器吧？

答： 这台分析机是查尔斯设计的第二台机器，非常吸引人。查尔斯给我看了它的设计图，我意识到它可以用由字母、符号和数字组成的代码来解决问题。

这是第一台可以编写程序的计算机。

问： 您是什么时候开始真正编写计算机程序的？

答： 1842 年我写了一组指令，计算机可以用它们来解决数学问题。英国的一家科学杂志发表了我的研究成果。

问： 也就是说您是世界上第一位计算机程序员？

答： 嗯，是的，但我不喜欢吹牛！最让我兴奋的是这台机器的潜力。它不仅是一个计算器，而且有着无限可能性。我相信所有不同类型的事情都可以转换成计算机代码。未来的计算机编程会带来什么，谁知道呢！

查尔斯 · 巴贝奇设计的分析机（1834 年）可以解决比以往更复杂的数学计算问题。

远见

阿达 · 勒芙蕾丝相信有一天计算机可以用来创作音乐或艺术作品。

现代笔记本电脑

顶级机密

“代码”指的其实是一套规则。程序员使用这些规则告诉计算机应该做什么。同时，代码还可以用来保守秘密。历史上，人们用代码来隐藏信息的真正含义，只有知道解码的秘密规则，才能读取编码信息。

伟大的恺撒！

恺撒大帝创造的代码非常简单，却沿用了几个世纪。他的大多数敌人都无法读懂代码，以为他在用外语书写信息。

波利比奥斯方阵

古希腊历史学家波利比奥斯为罗马人工作时，为罗马军队创造了一种新式密码。这种密码使用一个正方形网格，网格中的每个希腊字母对应着一组数字。拥有同样正方形网格的人可以只用数字传递消息。

密码棒

古希腊的斯巴达人把秘密写在皮革或羊皮纸上，然后缠在短棍上，之后再加上一些字母以干扰信息。这样，当短棍上的信息展开后，就会变成一堆没有意义的乱码。

恺撒移位密码

罗马恺撒大帝在秘密口信儿里，把每一个要写的字母换成另一个。每个字母都在字母表中按规则移动一组固定的空格。于是，“A”就变成了“B”。

阿尔贝蒂密码盘

1467 年，意大利建筑师里昂 · 阿尔贝蒂发明了一种带有两个转盘的圆盘，旋转后，信息里的字母组合变成另一些字母。如果要还原并解码信息，你需要知道这两个转盘是怎么旋转的。

	1	2	3	4	5
1	A	B	C	D	E
2	F	G	H	I/J	K
3	L	M	N	O	P
4	Q	R	S	T	U
5	V	W	X	Y	Z

英语字母表里则把字母 I 和 J 放在同一个格子中。

希腊字母表只有 24 个字母。

	1	2	3	4	5
1	Α	Β	Γ	Δ	Ε
2	Ζ	Η	Θ	Ι	Κ
3	Λ	Μ	Ν	Ξ	Ο
4	Π	Ρ	Σ	Τ	Υ
5	Φ	Χ	Ψ	Ω	

它是如何工作的

找到要编码的字母，然后将它上面的数字和左边的数字连接起来。在这个网格里，A 的代码是 11，CAR 的代码则是 31、11、24。

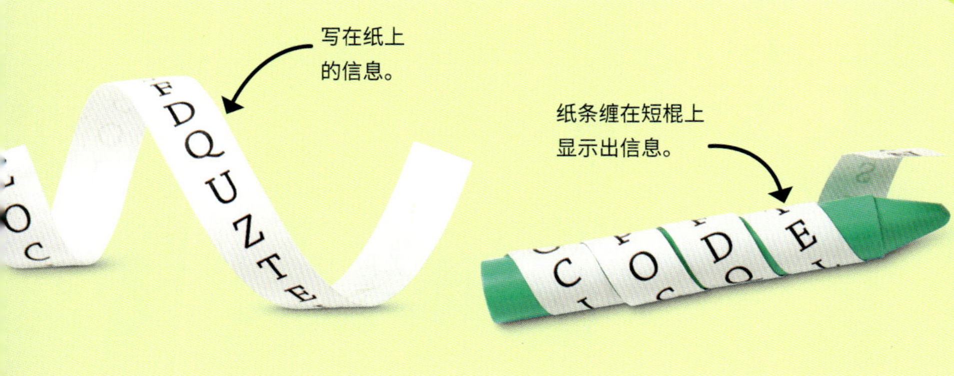

它是如何工作的

只有阅读者将纸条缠绕在相同尺寸的短棍上，信息条上的字母才会正确地排列起来。

它是如何工作的

要想解码两个这种密码，你需要将信息中的每个字母在字母表中往回平移两个空格，DCA 将成为 BAY。

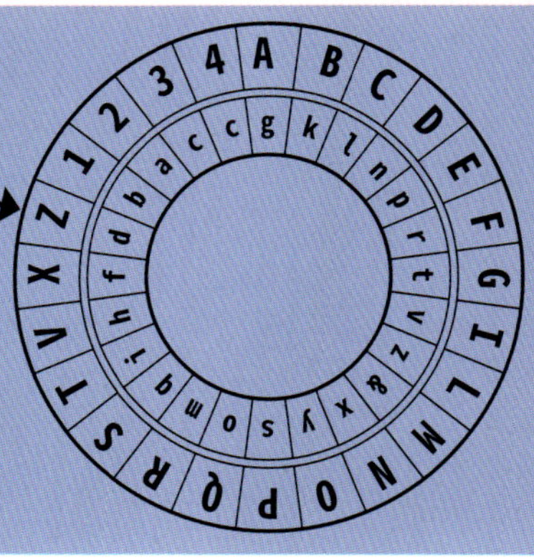

它是如何工作的

在内转盘中找到某一个字母、数字或符号，转动后，其将替换为外转盘上的相应字母。解码时，转盘必须回到同样的位置。

恩尼格玛密码

20 世纪 30 年代，德国想要控制其他国家。1939 年，德国军队入侵波兰后，英国和法国对德国宣战，第二次世界大战全面爆发。人类在战争中使用了许多新技术，比如坦克、雷达和绝密的恩尼格玛密码机。

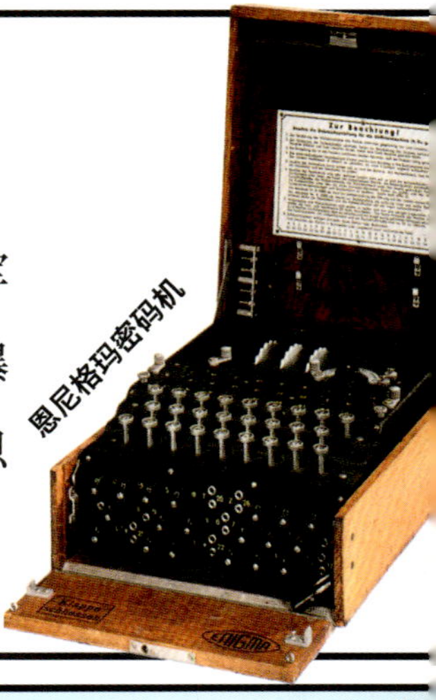

恩尼格玛密码机

第二次世界大战中，交战双方军队在陆地、空中和海上展开激烈争斗，战役一场接着一场。远距离作战使用电报和无线电发送指令。

德国人使用一种叫恩尼格玛密码机的机器对他们的信息进行编码，从而让对手摸不着头脑，但是与自己人的交流却很顺畅。

这些秘密指令让对方无法追踪他们的致命武器——德国 U 型潜艇。

在英国，有 1 万多人在一个名叫布莱切利公园（别名 X 站）的绝密基地一起工作，试图破译恩尼格玛密码。

在布莱切利公园使用的世界上第一台计算机，是由像艾伦 · 图灵这样的顶级科学家和工程师参与设计的。

1942 年 10 月 30 日，三名英国水手从一艘沉没的德国 U 型潜艇里抢救出了一台工作中的恩尼格玛密码机。

这些机器帮助英国人破译了恩尼格玛密码，进而控制了海洋。

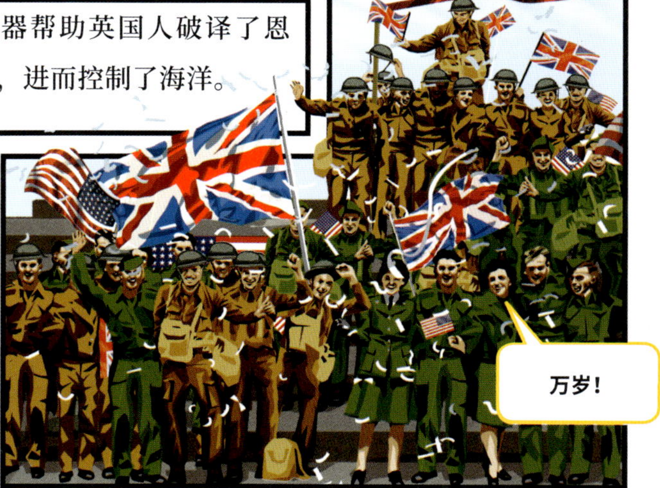

德军对海洋的控制局面被打破。1945 年 5 月 7 日，德国宣布投降。

艾伦·图灵

英国人艾伦·图灵是一位数学和科学天才。“二战”爆发后，他加入了布莱切利公园这个顶级秘密基地。在那里，他的工作就是破译敌人的密码，曝光德军的计划。他的发明和思想是现代计算机的基础。

每个“炸弹”宽2米，重0.9吨。

这是真的吗？

图灵奖是计算机领域的年度大奖，谷歌公司每年为获奖者提供100万美元的奖金。

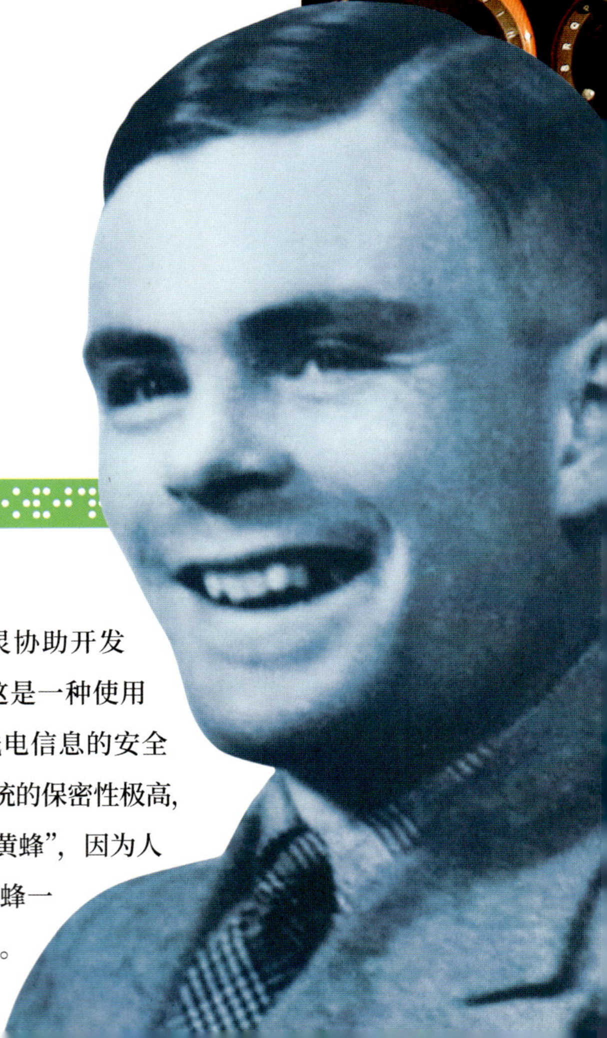

秘密工作

图灵在代码和计算方面的工作当时属于高度机密，即使在“第二次世界大战”结束后，也只有少数人知道。今天，他被公认为“计算机之父”。

图灵机

1936年，图灵提出了一种抽象的计算机模型——图灵机。它的原理是用机器来模拟人们用纸笔进行数学运算。

隐藏的声音

1944年，图灵协助开发SIGSALY系统，这是一种使用随机噪声加密无线电信息的安全通信方式。这个系统的保密性极高，也被称为“绿色大黄蜂”，因为人们只能听到像大黄蜂一样嗡嗡作响的噪声。

“图灵炸弹”

恩尼格玛保密性极高，破译它需要知道恩尼格玛密码机的初始设置组合。1939 年，图灵设计出的“图灵炸弹”破译了它，在布莱切利公园运行了 200 多个日夜。

图灵测试

1950 年，图灵设想出一种测试方法，用来判断一台计算机是否具备“人类智能”。人类在看不见被测试者的情况下与之交流，以此判断被测试者是人类还是一台电脑。

虎纹

“二战”后，图灵利用数学探索新的科学领域。1951 年，他创造了一个方程式来解释生物身上的图案是如何形成的，比如虎纹或指纹。

计算机国际象棋

1951 年，图灵发布了世界上第一个国际象棋程序 Turochamp。由于当时的计算机没有足够的能力来运行这个程序，图灵只有在真实的棋盘上模拟他设计的程序。

第一台通用计算机

1943 年，美国工程师开始设计一种可以编程的机器，用来解决各种数学问题。这是世界上第一台通用计算机——电子数字积分计算机，简称 ENIAC。ENIAC 每秒可以执行 5000 条指令，这比当时的计算器快 1000 倍。它体积庞大，占据了整个房间。

这是真的吗?

ENIAC 重达 27 吨，相当于 5 头大象的体重。

它是如何工作的

ENIAC 没有像现代计算机那样的“内部”结构。相反，它的部件被固定在 40 个面板上。每个面板上都有数百根电线、开关和管子。

ENIAC 使用了 17000 多个真空管。

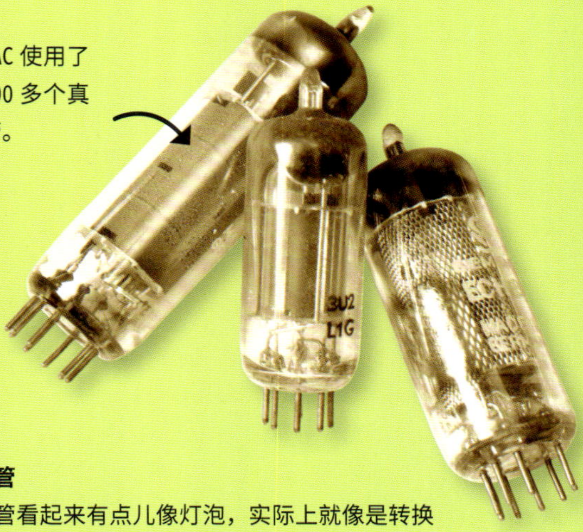

真空管

真空管看起来有点儿像灯泡，实际上就像是转换开关一样，接通或断开电路。

女性和男性并肩工作，为 ENIAC 编程。

为 ENIAC 编程

每一次为 ENIAC 编程时，所有工作都只能徒手移动。完成设置并让它执行单个任务，可能需要花费数周时间。

多任务机

计算机一次处理的任务越多，完成的速度就越快。第一台计算机只能处理一项任务，但现在，笔记本电脑或移动电话可以同时执行数千项独立的任务，这些独立任务被称为进程。

哇哦！

SAGE 系统是史上最重的计算机，重达 226.8 吨。

Z3

Z3 诞生于德国，是世界上第一台可编程计算机。早先的计算机在运行新程序时需要重新连接电线，而 Z3 则将其程序存储在纸带上。它在第二次世界大战中被炸弹摧毁。

小档案

- **时间：** 1941 年
- **重量：** 0.9 吨
- **趣事：** 德国政府拒绝协助改进 Z3，他们认为计算机对战争来说没那么重要。

SSEM

第一台小规模实验机（SSEM）诞生在英国曼彻斯特大学。这是第一台把程序存储在自己的存储器上而不是外在存储器上的计算机。

小档案

- **时间：** 1948 年
- **重量：** 1 吨
- **趣事：** SSEM 的昵称是“小婴儿”，这像是在开玩笑，因为它的体积是那么庞大。

JNIVAC I

UNIVAC I 是第一台在美国公开出售的计算机。它的名字是“通用自动计算机”，简称 JNIAC I。UNIVAC I 的内存使用 7 大罐液态汞，可以从石英晶体发送的声波脉冲中采集电信号。

小档案

- **时间：** 1951 年
- **重量：** 13 吨
- **趣事：** UNIVAC I 比其他人更早预测出艾森豪威尔将赢得 1952 年的美国总统选举。

BM System/360

IBM 360 是第一个可以在多台机器上运行程序的计算机系列。它的价格合理，所以企业可以购买或租用它。

小档案

- **时间：** 1964 年
- **重量：** 0.7 ～ 2.3 吨
- **趣事：** IBM 360 计算机曾用于“阿波罗”登月计划。

像计算机一样思考

计算机不能独立思考，它们只是执行程序员给出的非常具体的指令。这些指令必须准确而简单。程序员通常把复杂的指令分解成更容易执行的小步骤。

哇哦！

计算机并不会思考，它们只是在执行指令。

执行规则

这个机器人必须穿过迷宫，像计算机一样执行一系列步骤。它必须执行下面的规则。算法和规则的功能一样，但这种规则能让计算机（机器人）更好地执行指令。

规则

» 机器人试图通过迷宫。

» 迷宫里到处都是红门、蓝门和绿门。

» 忽略红门和蓝门。

» 通过绿门。

» 遇到围墙时，试着往左转或往右转。

每次机器人撞到障碍物时，它都会再次执行规则，从算法的开始处重新执行指令。

算法

开始

往前走

如果在墙前面停住

如果右边没墙就往右转

如果左边没墙就往左转

否则，返回初始位置

如果看到红门

忽略

否则，返回初始位置

如果看到蓝门

忽略

否则，返回初始位置

如果看到绿门

打开门，进入绿门之外的空间

关上绿门

否则，返回初始位置

什么是算法？

在编写代码之前，程序员通常会开发一套被称为算法的步骤或指令。例如，编写一个机器人穿一双袜子的程序，就需要执行下面这个简单的算法。

定位袜子

捡起袜子

把袜子穿到一只脚上

重复步骤 1～3，给另一只脚穿上袜子

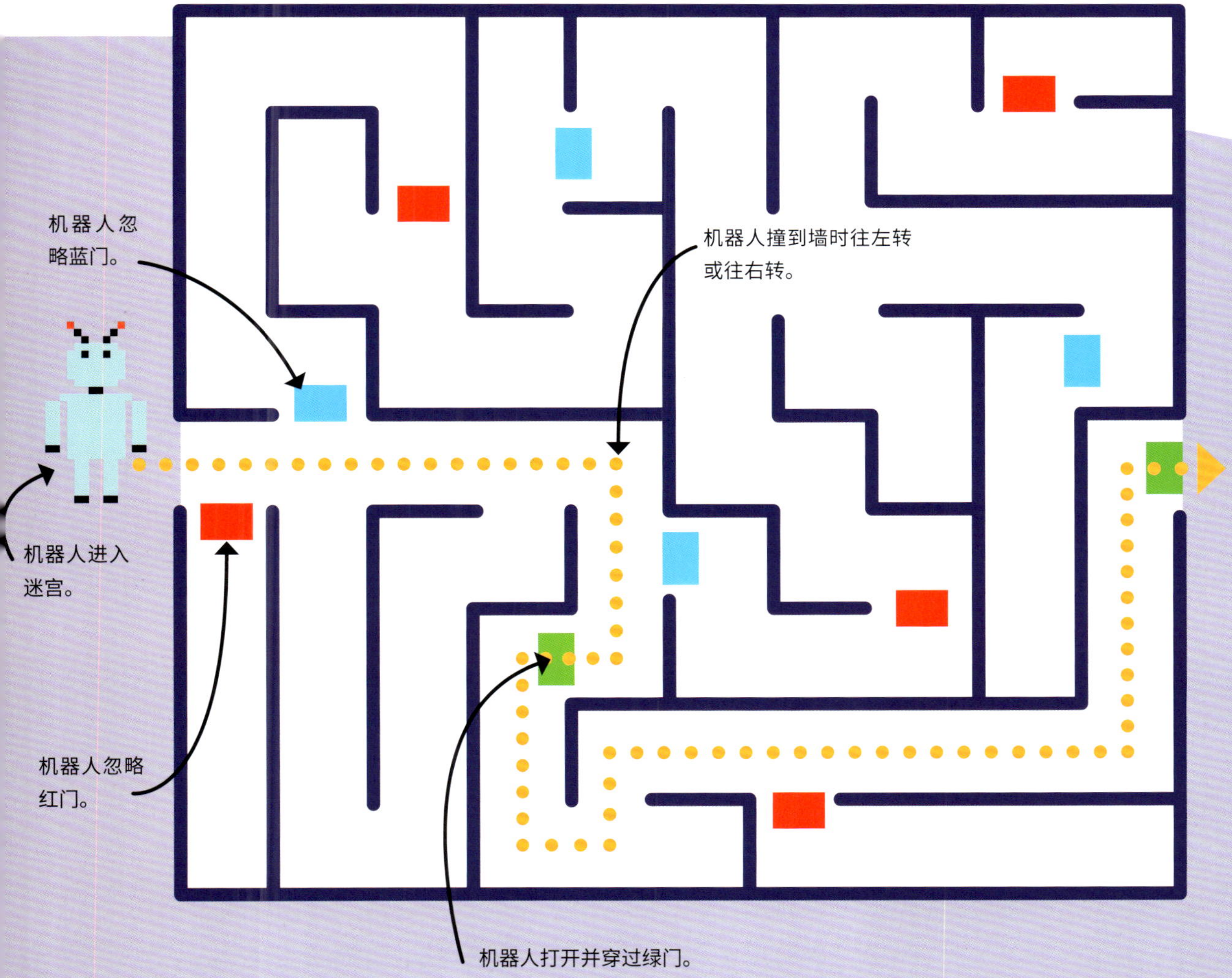

早期游戏

从早期计算机时代起，程序员就一直在开发制作游戏。无论是在电脑、电视还是手机上操作，所有的游戏都需要代码。这些图像现在看起来很简单，但在当年可是极具有开创性的。

PONG

街机游戏“Pong”是由雅达利公司在1972年开发的。两个玩家使用带旋钮的球拍来回弹拍一个“球”。当对方失球时，可以得一分。这个游戏有两种版本：一种是街机游戏，另一种是可以连接电视机的游戏。

雅达利 2600

雅达利 2600 是一款于 1977 年开始出售的最早的、最流行的家用游戏系统。游戏机是一个长方形的小塑料盒。盒子里的槽叫作控制台。

控制器里有可移动的游戏摇杆和一个单独的“开火”按钮。

《太空侵略者》

发布于 1978 年的《太空侵略者》是最早的街机游戏之一。游戏中有外星人穿过天空，玩家向他们发射导弹，以阻止外星人着陆。

© 泰斗公司 1978 版权所有

《大冒险》

这是1979年在雅达利2600基础上开发的一款游戏，让玩家和龙作战并寻宝。这是第一个以复活节彩蛋为特色的游戏——程序员在游戏中添加了一个隐藏的秘密。

《吃豆人》

这款游戏于1980年推出。玩家使用游戏摇杆操纵迷宫周围的吃豆人——一个黄色的小圆圈。吃豆人吃掉迷宫里的点后获得分数，同时还要确保不被4个追逐它的“鬼”吃掉。

©1980 万代南梦宫娱乐公司

ZORK I

有些早期游戏没有图形，玩家根据描述输入命令。1977年发布的Zork I是当时最流行的一款文字冒险游戏。玩家需要探索一座房子下面的隧道，与怪物作战并努力生存下来。

Zork 1 界面

任天堂红白机

20世纪80年代中期，任天堂红白机成为世界上最流行的游戏机。它的游戏内置在塑料盒中，玩家要使用一个厚厚的灰色手柄，上面有几个按钮。

计算机内部构成

计算机的物理部分叫作硬件。程序员需要了解计算机硬件是如何工作的，这样才能编写代码告诉计算机该做什么。

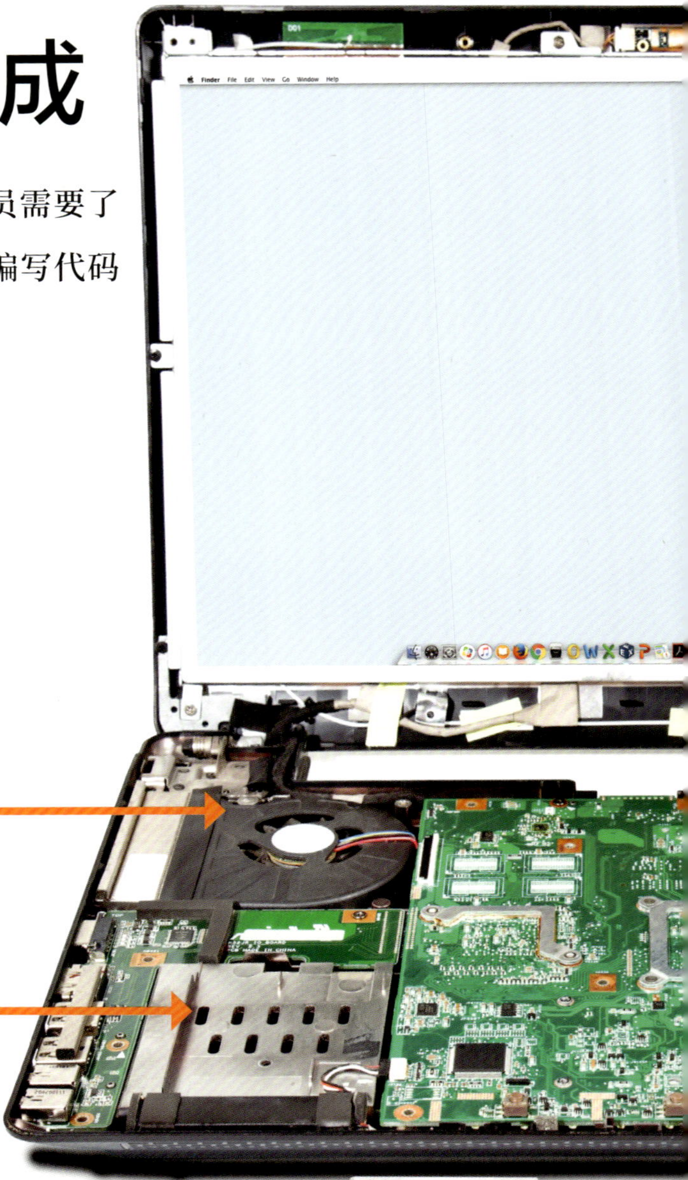

风扇

作用是为电脑机箱整个内部空间散热。

RAM（随机存取存储器）

RAM 是一个临时存储器，可以随时读写，速度很快。

存储器

计算机数据需要保存起来，方便共享和再次使用，这项工作是通过存储器来完成的。今天，我们使用“云盘”存储数据，它是一种互联网存储形式。右边列举的是一些物理存储设备，其中有些我们现在仍然在使用。

穿孔纸带

20 世纪 50 年代至 60 年代的早期计算机，都是将数据存储为穿孔纸带上的洞。

软盘

从 20 世纪 70 年代起，数据开始被存储在有塑料外壳保护的薄磁盘上。

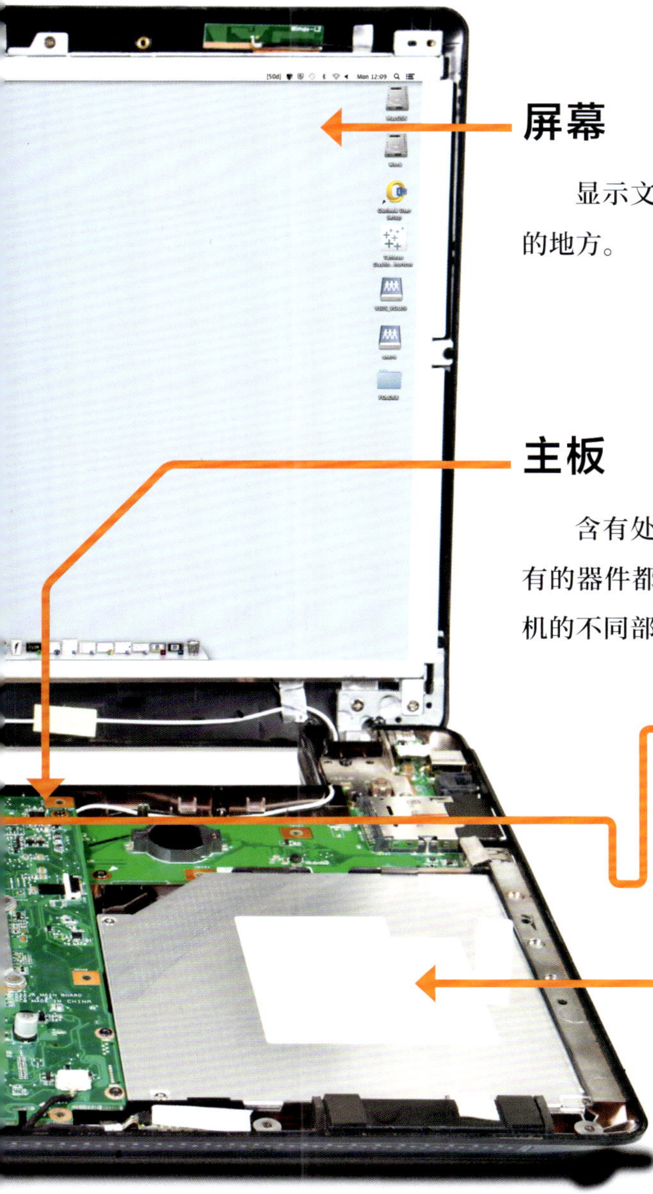

屏幕

显示文字和图像的地方。

哇哦！

第一台笔记本电脑是在 1981 年发布的。

主板

含有处理器的大电路板，所有的器件都与它相连，保证计算机的不同部分能够彼此通信。

处理器

这是计算机的“大脑”，执行计算机工作中的大部分运算。

电池

计算机需要电源才能工作，笔记本电脑在没插上电源时，会由电池充电。

CD

CD 光盘使用激光将数据写入光盘，它存储数据的容量要比软盘大得多。

DVD

DVD 光盘比 CD 光盘的音质更好，容量更大，经常用来存储视频文件。

U 盘看起来比其他存储设备都小，但却能存储更多的数据。

USB 闪存盘

U 盘比 DVD 光盘保存的数据更多，将它们直接插进电脑就可以使用。

小档案

» **重量**：35 千克

» **功能**：解数学方程

» **速度**：进行四位数运算需要 30～60 秒

» **硬件**：37 键键盘、打印机、内含中央处理器的塑料外壳。

Programma 101

1965 年，意大利 Olivetti（好利获得）公司发布了世界上第一台个人台式计算机——Programma 101。这项突破性的技术旨在解决复杂的数学计算。它使用起来非常方便，可以舒适地放在书桌上。

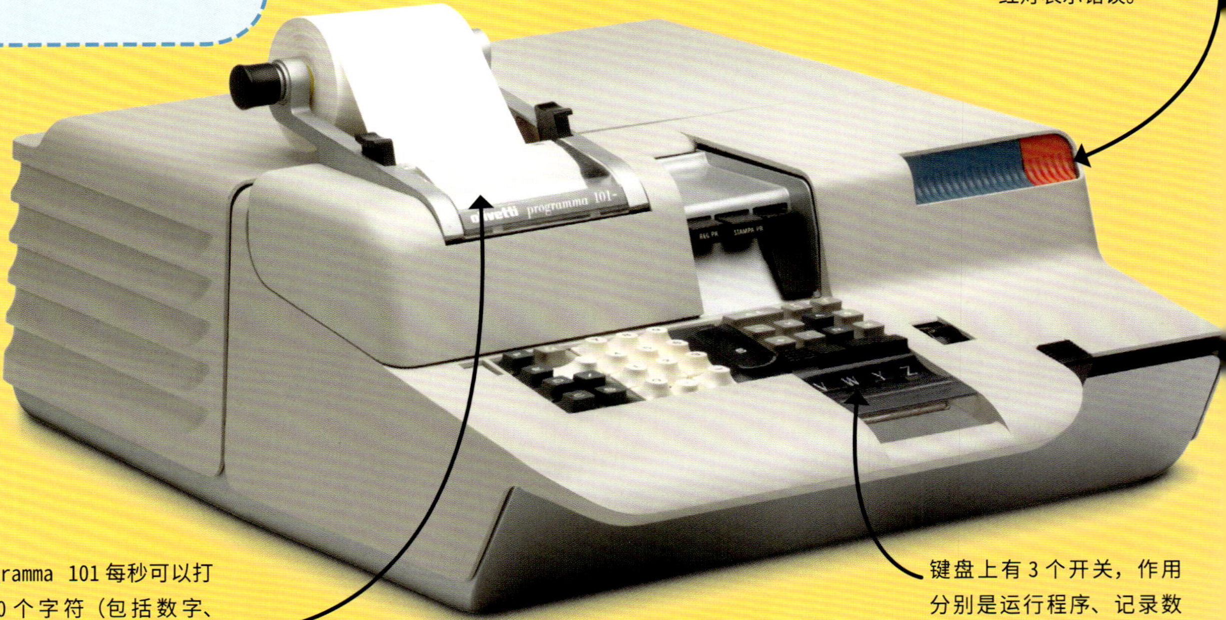

显示蓝灯表示机器正在运行，准备输入，显示红灯表示错误。

Programma 101 每秒可以打印 30 个字符（包括数字、字母和符号）。

键盘上有 3 个开关，作用分别是运行程序、记录数据和打印计算结果。

计算机的过去和现在

在过去的数十年间，计算机的形式已经发生了翻天覆地的变化。早期计算机体积庞大得要占据整个房间，现如今计算机却小得可以装进背包里。在 20 世纪 60 年代，人们就已经可以购买个人电脑啦！

小档案

- **重量：** 10 千克
- **功能：** 数据处理，信息存储和数据输出
- **速度：** 对于复杂运算几乎立刻就能计算出结果
- **硬件：** 102 键键盘、显示屏、微处理器技术

现代计算机

和 Programma 101 相比，现代计算机更轻便，功能更广泛。这些设备既可以在家里使用，也可以用于移动场合。现代计算机使用很小的处理器来存储、处理、显示大量数据，这种处理器被称为微处理器。

像计算机一样交谈

英语字母表有 26 个字母，但是计算机和其他数字设备的语言只有“0”或“1”。你能想象和一个朋友只用“0”或“1”交谈吗?

这是真的吗?

所有的计算机信息都被存储为“0”和“1”。

二进制

所有的计算机都使用两个数来交流，这就是二进制。“1”表示信号“开”，“0”表示信号“关”。想一想电灯开关，打开电灯，你可以把信息“1”发送给远距离的朋友，关掉电灯，就只能发送“0”。

字节

一个字节数据由 8 个比特组成。每个比特都是“0”或“1”，一个字节数据可以表示 255 个不同的字母、数字或符号中的任何一个。

比特

一个比特就是“0”或“1”。

字节

8 个比特组成一个字节数据，可以转换成一个字母、数字或符号。比如“01000001”就是字母“A”。

通信

组成一台计算机的各个设备都是通过移动字节数据，以二进制的方式通信。它们和对方“说”的每件事都是由一串“0”和“1”组成的。

存储数据

多少字节？

计算机存储器使用字节描述，下面这些单位表示计算机的空间能存储多少个“0”或“1”。

1 **1KB**=1024B

2 **1MB**=1024KB

3 **1GB**=1024MB

4 **1TB**=1024GB

5 **1PB**=1024TB

6 **1EB**=1024PB

ASCII 码

计算机使用 ASCII 码（美国信息交换标准代码）将二进制数字转换成人们能识别的字符。在 ASCII 码中，每组 8 位二进制数代表一个数字、字母或符号。

二进制	ASCII 码
01000001	A
01000010	B
01000011	C
00110001	1
00110010	2
00110011	3
00101110	.
00100001	!
00111111	?
01000000	@

计算机语言

编程语言是一组指令，告诉计算机该做什么。迄今已经有数百种编程语言用来编写各种类型的程序。下面气泡里的 6 组代码都是告诉计算机如何说出“你好，世界！”这句话的。你能根据下面的线索提示，把它们和相匹配的编程语言连接起来吗?

1

```
#include <stdio.h>
main()
{
      printf( “Hello, World!” );
}
```

2

```
10 PRINT “Hello, World!”
20 GOTO 10
```

3

```
print( “Hello, World!” )
```

A

Java

Java 语言是 1994 年发布的，它允许一个程序在多个操作系统上运行，而无须对代码进行任何更改。

提示：
Java 语言编写的程序是以单词 class 开头的。

B

Python

Python 语言是近年来被无数程序员推崇的一种编程语言，代码短小简单，易于学习。

提示：
Python 语言是最简单、最短小的代码，很容易阅读。

C

PHP

PHP 语言主要被程序员用于网页设计和编写 HTML 语言（超文本标记语言）。

提示：
在实际代码中会出现该语言的名字。

Ook!

Ook！语言是大卫·摩根马在开玩笑时创造的一种编程语言，是“并不打算认真使用”的意思，这些指令甚至被小说家写进作品里，用来代表猩猩的语言。“Ook.”“Ook!”和“Ook?”这三个单词放在一起就可以发出命令。

```
Ook. Ook? Ook. Ook. Ook. Ook. Ook. Ook. Ook. Ook. Ook. Ook. Ook. Ook.
Ook. Ook. Ook. Ook. Ook. Ook. Ook! Ook? Ook? Ook. Ook. Ook. Ook. Ook.
Ook. Ook. Ook. Ook.Ook. Ook. Ook. Ook. Ook. Ook. Ook. Ook. Ook. Ook?
Ook! Ook! Ook? Ook! Ook? Ook.Ook! Ook. Ook. Ook? Ook. Ook. Ook. Ook.
Ook. Ook. Ook. Ook. Ook. Ook. Ook. Ook.Ook. Ook. Ook! Ook? Ook? Ook.
Ook. Ook. Ook. Ook. Ook. Ook. Ook. Ook. Ook. Ook?Ook! Ook! Ook? Ook!
Ook? Ook. Ook. Ook. Ook! Ook. Ook. Ook. Ook. Ook. Ook. Ook.Ook. Ook.
Ook. Ook. Ook. Ook. Ook. Ook. Ook! Ook. Ook! Ook. Ook. Ook. Ook. Ook. Ook.
Ook. Ook! Ook. Ook. Ook? Ook. Ook? Ook. Ook? Ook. Ook. Ook. Ook. Ook.
Ook.Ook. Ook. Ook. Ook. Ook. Ook. Ook. Ook. Ook. Ook. Ook!
```

用 Ook！语言编写的计算机代码

4

```
class Hello, WorldApp{
      public static void main (String{}args){
         System.out.println( “Hello World!” ;
         }
}
```

6

```
<?php
echo” Hello, World!;
?>
```

5

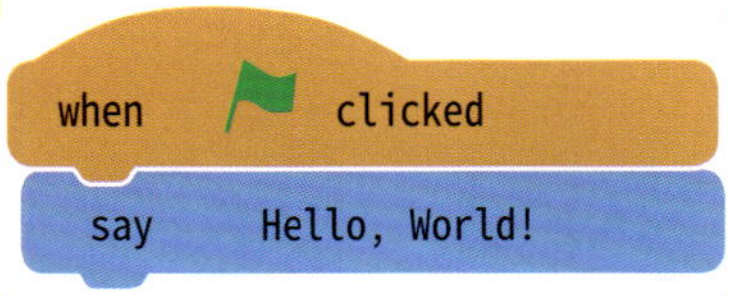

D

BASIC

BASIC 语言是最古老的编程语言之一，它是“初学者通用符号指令代码”的英文缩写。

提示：
每一行代码都是以数字开始。

E

C

C 语言是世界上使用最广泛的编程语言之一，但是学起来比较困难。C 语言通常用来编写需要快速运行的软件。

提示：
C 语言程序以符号“#”开头。

F

Scratch

Scratch 语言诞生之初是用来教初学者如何编程的。它不用输入代码的方式来编程，而是用现成的积木块来编写指令。

提示：
Scratch 语言使用彩色的积木块生成代码。

答案：1E 2D 3B 4A 5F 6C

程序

无论你说的是程序、App 应用还是代码，你所描述的都是被称为“软件”的一组特殊指令。大多数现代设备都是由软件控制的，包括手机、平板电脑、太空卫星、汽车、飞机，甚至火星上的机器人。软件都是由程序员编写的，程序员也被称为编码员。

移动应用程序

手机或平板电脑上的每个 App 应用都是一个独立工作的小程序，这些应用可以做各种各样的事情，它们能让你拍照、发送信息、播放音乐和玩游戏。

无人机

无人机不需要飞行员，只需要一个遥控器和专门的软件就可以飞行。无人机可以用来拍摄照片和视频。

从程序员到用户

App 应用不仅仅只有代码。程序员花费很多时间使得 App 应用稳定运行，他们需要把 App 应用推荐给所有潜在的用户，这就需要有人撰写 App 应用的使用说明书。App 应用需要广告和市场推广，建立良好的口碑是一个很好的方法。分享和谈论 App 应用意味着它可以获得更多的用户，哪怕是病毒式传播。病毒式传播意味着 App 应用已经在许多人中间被谈论和分享。

外科手术机器人

有些外科医生依靠机器人的帮助完成最精密的手术。机器人的每个手臂都有专门的代码，帮助医生完成重要的任务。

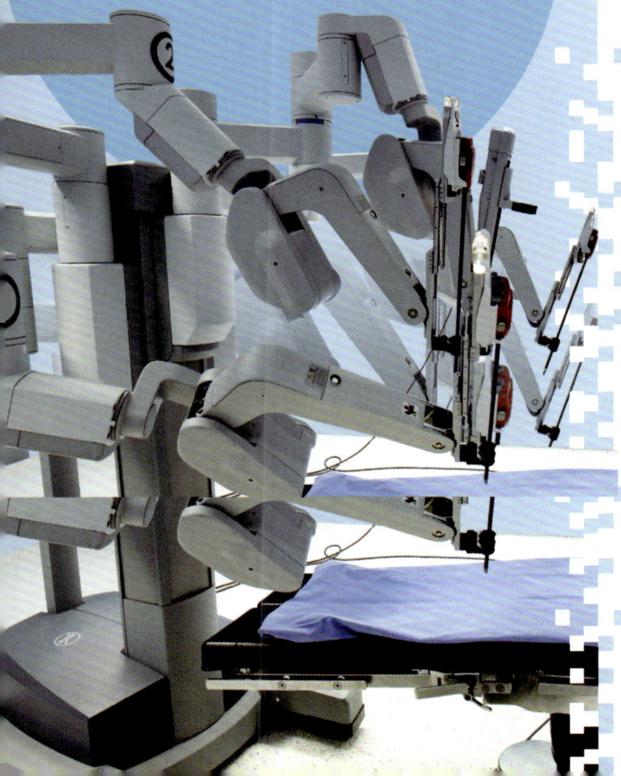

火星漫游者

“机遇号”火星探测器正在探测火星表面。科学家使用专门的代码，让它能够在离地球 2.25 亿千米的太空工作。

蠕虫病毒和漏洞

计算机并不总是能顺畅运行。有些人会散布恶意代码，如蠕虫病毒，来破坏或窃取计算机上的信息。如果代码中有错误，程序也同样会停止工作，这类问题被称为“bug”（英语本意为虫子，后引申为程序错误或缺陷）。杀毒软件和“防火墙”是可以保护计算机免受恶意代码攻击的软件。

计算机领域将程序错误称为漏洞始于1945年，当时美国一所大学的计算机无法正常工作，原因竟然是机器里面有只飞蛾。

黑客

黑客是一群编写恶意程序（也称恶意软件）、试图非法侵入计算机的人。他们不但可以窃取密码或个人资料等信息，还能损坏或删除计算机中的重要数据。

特洛伊木马

特洛伊木马一般伪装成无害的文件。然而一旦打开，它就会加载一个程序控制你的计算机。

计算机病毒

计算机病毒是一种恶意软件，它依附在计算机的程序上自动运行，从而破坏文件。

后门程序

后门程序会绕过计算机正常的安全性控制，允许黑客在没有密码的情况下闯入计算机。

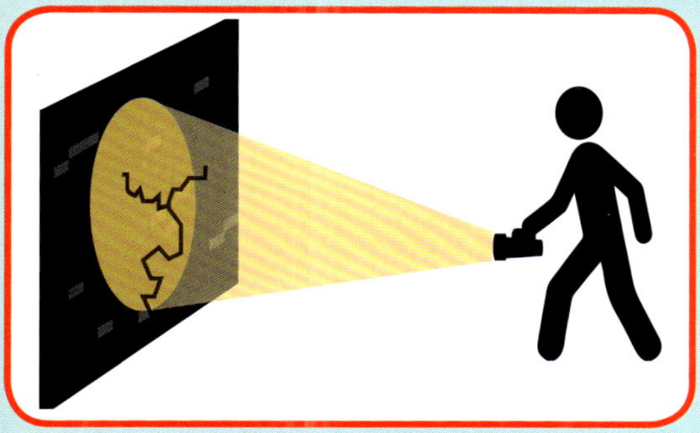

漏洞扫描程序

黑客使用漏洞扫描程序查找计算机“防火墙”（保护）系统中的弱点。

嗅探器

嗅探器监视计算机网络的运行信息，它们可以捕获任何人使用网络时的密码和用户账户。

计算机蠕虫病毒

计算机蠕虫病毒通过向系统中的所有机器发送自己的副本来感染网络。它们比普通病毒更难清除，因为它们不必依附于某个程序。

键盘监听

在用户毫不知情的情况下，黑客使用键盘监听手段记录用户在键盘上按下的每个按键。这样，黑客就可以获取用户的密码或其他私人信息。

漏洞

计算机程序或系统中的错误与故障，能导致程序运行错误，比如在屏幕上显示奇怪的文本或图像。它们甚至还能导致程序完全停止工作。

```
switch (i) {
  case 1:
    do_something(1); break;
  case 2:
    do_something(2); break;
  case 3:
    do_something(1); break;
  case 4:
    do_something(4); break;
  default:
    break;
}
```

这是代码中的一个——“bug”（漏洞）。在多条件判断语句中，条件 1 在条件 3 中被错误地复制。

互联网

互联网是一个连接世界各地计算机的网络。这个想法是在 20 世纪 60 年代第一次被提出的，但是当时只有少数人在大学里使用。现在，数千万人每天都在使用互联网通信交流、搜索信息、娱乐休闲。互联网让我们的工作和生活更加快捷、轻松，不再费时费力。

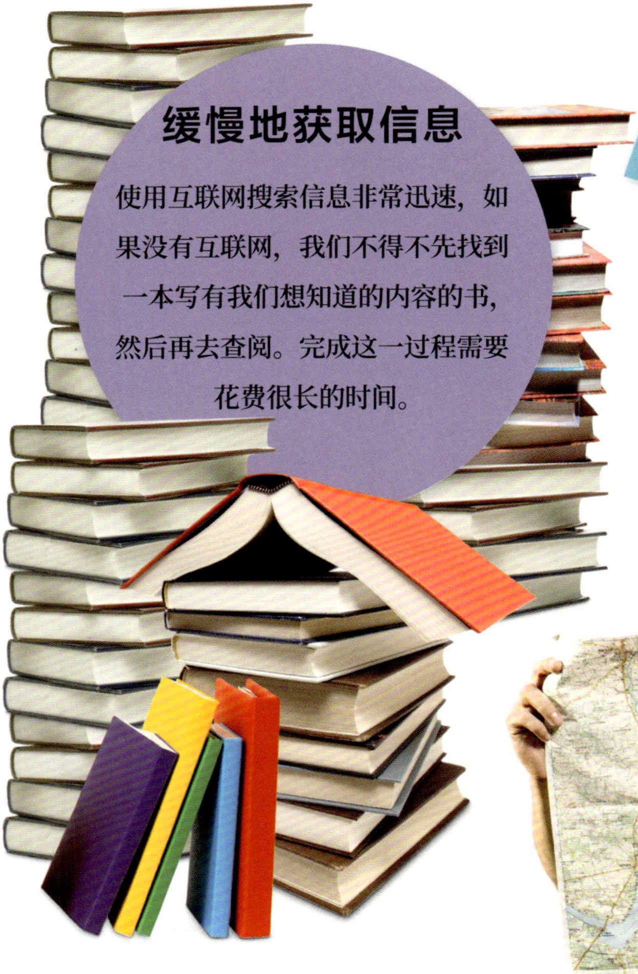

缓慢地获取信息

使用互联网搜索信息非常迅速，如果没有互联网，我们不得不先找到一本写有我们想知道的内容的书，然后再去查阅。完成这一过程需要花费很长的时间。

蜗牛邮件（即普通邮寄）

我们每秒钟发送大约 240 万封电子邮件。如果通过传统的邮局邮寄这些信件，需要花费 1.32 亿英镑，并且信件还得花费几天才能到达！

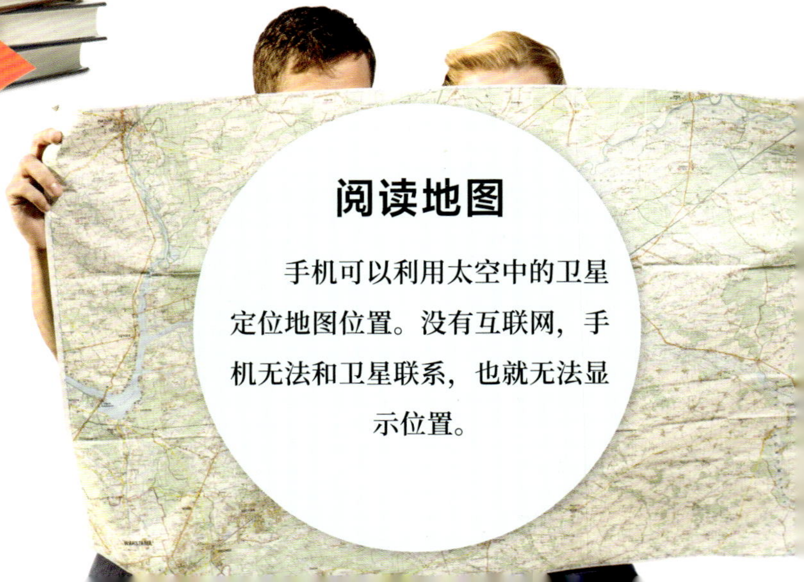

阅读地图

手机可以利用太空中的卫星定位地图位置。没有互联网，手机无法和卫星联系，也就无法显示位置。

发送文件

互联网让我们即时分享和下载文件。没有网络，我们只能通过计算机之间的数据线分享文件，或者把副本邮寄过去。

无法进行网络社交

社交网络 App 应用可以让你随时随地和朋友交流。

你可以随时和一大群朋友聊天、安排见面或分享最新的新闻。

购物

你可以通过互联网购买你想要的东西，从食物到饮料，甚至巨型塑料大象！你不必去商店，所有的东西都能通过邮递方式送到你手中。

看什么呢？

互联网可以让我们随时欣赏电影。只要点击一下按钮，就可以下载我们想看的内容，而不是去找 DVD 光盘。

什么是 App 应用？

App 应用是用代码编写的指令集，主要用于手机和平板电脑。它们可以做很多不同的事情，比如玩游戏和视频通话。此外，还有很多 App 应用是专门为儿童设计的。

游戏

答题类、竞技类和拼图类游戏都是非常有趣的、流行的游戏 App 应用。它们有些是免费的，有些则在游戏中内置了收费项目，所以要小心！

购物

使用购物 App 应用，人们无须出门就可以买到东西。很多大型商店都有自己的 App 应用，你也可以和别人竞价购物。

开发 App 应用

手机上或计算机上的 App 应用并不是从一开始就很完善的，从第一个想法到完成程序需要花费很多时间。右侧是 App 应用开发的流程。

创意

人们先对一个新的 App 应用产生创意。这些 App 应用通常都是用来做一些有用的事情，因为之前并不存在。

设计

App 应用的外观以及人们如何使用它是很重要的。流行的 App 应用的外观通常看起来不错且容易使用。

智能手机

智能手机是一种可以随身携带的迷你计算机。与台式计算机不同，它们小到可以随时随地使用。智能手机拥有一个操作系统，它是让 App 应用工作的内置指令集。目前，苹果科技公司研发的 iOS 系统和谷歌公司研发的安卓系统是世界上最受欢迎的两种操作系统。

使用中的智能手机

地图

这些 App 应用利用互联网在地图上定位使用者的位置。它们可以告诉你你在哪里，帮助你方便快捷地找到自己想去的地方。

通信

手机不仅能用来打电话，App 应用让人们能以不同的方式交谈，包括视频电话、发送图片信息和群组聊天。

编程

每个 App 应用都是由代码组成的。发布 App 应用之前，需要对代码进行多次测试，确保程序能正常工作。

反馈

一旦 App 应用投入使用，人们就要给出程序工作或不工作的反馈，再由程序员调整代码，直到程序完美运行。

哇哦！

截止到 2016 年，智能手机上有超过 200 万个 App 应用可供用户使用。

日常生活中的代码

虽然我们无法看到代码，但它们就存在于我们身边，每天都在帮助我们。计算机使用代码保证现代技术稳定运行。以下是日常生活中一些关于代码的例子。

红绿灯

在许多城镇，代码被用来控制交通流量。计算机向红绿灯发送编程指令，告诉它们什么时候更换颜色。这样，司机和行人就知道什么时候该停下来、什么时候可以通行了。

电脑游戏

电脑游戏可以把玩家带入虚拟的世界。每个游戏都有代码在后台工作，它们生成的指令可以让你的角色跳得更高，或者让车开得更快。

自动售货机

当你在自动售货机上投入钱币并选好商品时，代码将计算出需要找你多少零钱，然后把你要的商品放到取货口，方便你拿取。

微波炉

简单的代码指令控制着微波炉的定时器和食物烹饪的温度。当你按下微波炉上的按钮，代码就开始工作。

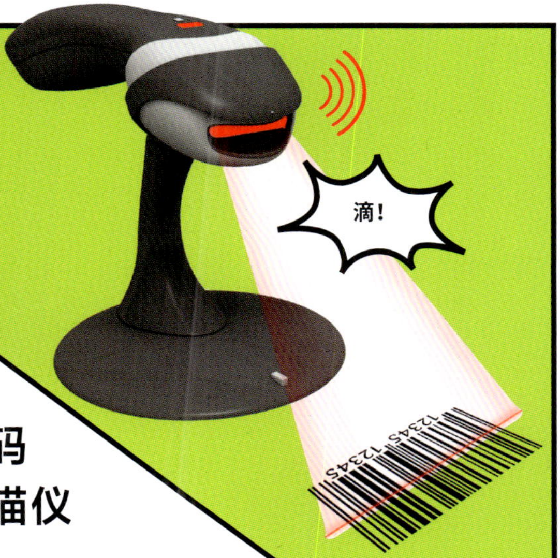

条码扫描仪

商店里的每样商品都带有一组唯一的、可以识别的条形码。计算机可以在数据库中找到商品及其价格，只要读取商品上面的条形码就可以购买。

交通工具

汽车使用计算机代码监控发动机，确保发动机正常运转。代码同时还控制仪表盘上的指示器和雨刷器。

计算器

计算器使用代码算出数学问题的答案后，屏幕上会立刻显示出结果。

交互式面板

这些大型屏幕使用计算机内编写好的指令，学生们只需触摸屏幕，就可以选择和控制想要显示的信息。

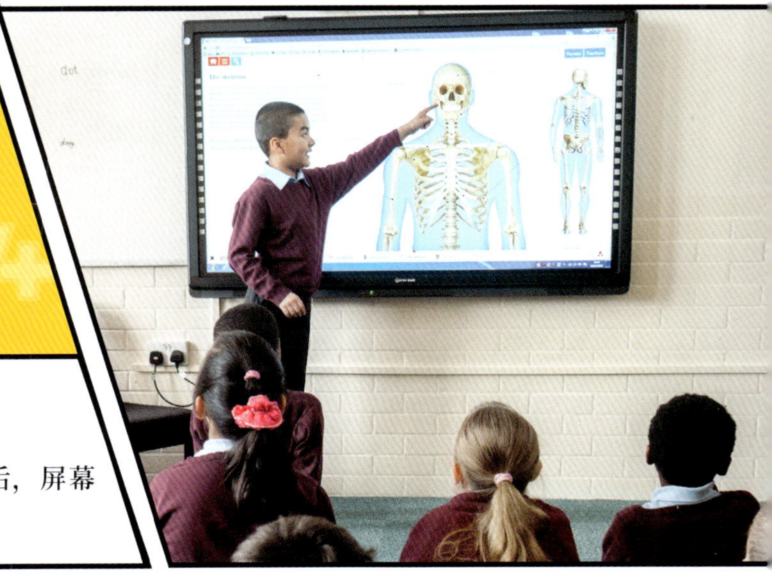

Scratch 语言

Scratch 语言是最容易学习的编程语言之一。人们只需把彩色的“积木”连接在一起，告诉屏幕上的人物要做什么，程序就编写好了。Scratch 语言可以让你创作自己的故事、游戏、音乐和艺术。

Scratch 界面

屏幕界面右侧区域用于编写指令，左侧则是“舞台区”，用于执行代码。

这里是“舞台区”，你可以看到自己创建的东西。

指令“积木”被称为“脚本”。

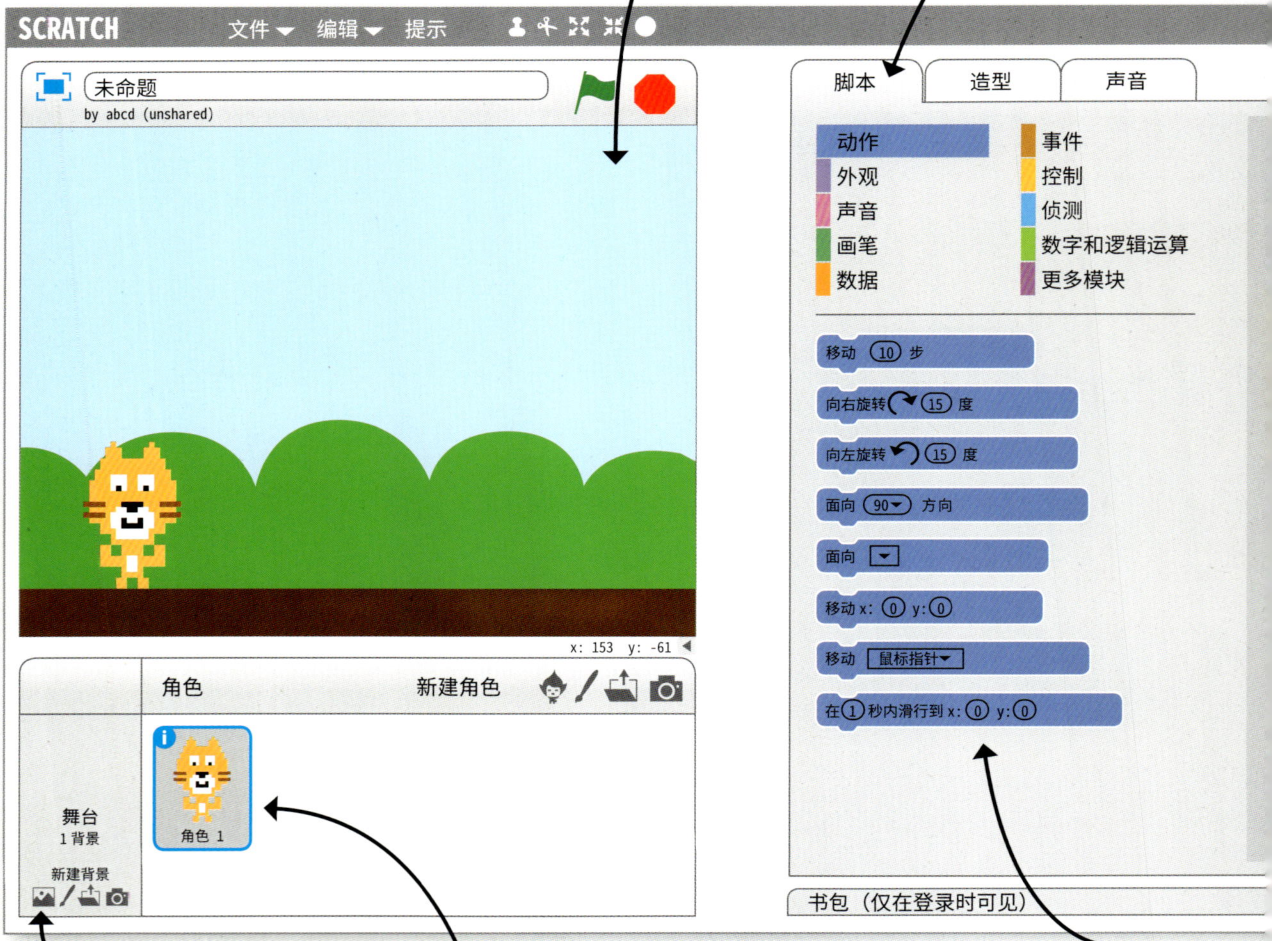

你可以修改背景图片，创建不同项目。

Scratch 语言中的人物被称为“角色”。

“积木”包含很多不同的指令。

3 SCRATCH 语言小档案

1 Scratch 语言是由美国麻省理工学院（MIT）发明的。

2 Scratch 有 40 多个语言版本，在世界各地广泛使用。

3 当你不能上网时，可以使用离线版 Scratch 语言。

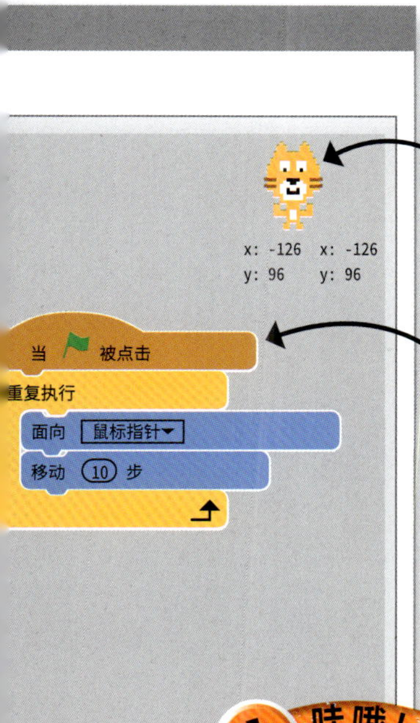

哇哦！

全世界有 150 多个国家在使用 Scratch 语言。

角色

角色就是 Scratch 语言中使用的人物形象，它们由一些代码控制，这些代码被统称为脚本。角色可以四处移动、用气泡说话、出现和消失。

绘制属于你的角色

Scratch 语言中有很多角色供你选择。此外，还有一个绘图工具会帮你创建角色。

海盗造型 1

造型就是不同姿态的角色图片，转换造型可以使海盗移动。

海盗造型 2

从造型 1 转换到造型 2 时，海盗的腿和剑在移动。

树莓派

树莓派是一种为学习计算机如何工作而设计的迷你型计算机。它可以连接到各种各样的设备，比如电视、相机，甚至机器人，它有足够的能力在一台完整的计算机上运行类似的程序。

微型 SD 卡

一种能存储操作系统、程序和数据的微型存储卡。

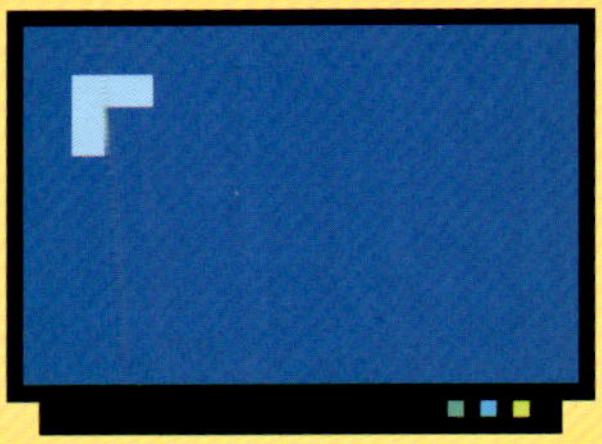

LCD 液晶显示面板连接器

液晶显示器（LCD）面板可以连接到这个端口。

HDMI 高清视频

计算机屏幕或新型电视可以连接到这个端口。

相机端口

连接相机后，树莓派可以拍摄照片或视频。

GPIO（通用输入/输出端口）引脚

灯和蜂鸣器可以连接到这些引脚上。树莓派在使用过程中，灯和蜂鸣器可以发出光或声音。

工作中的树莓派

日本工程师石渡翔太发明的类似人类的机器人 Rapiro，就是用树莓派工作的。机器人 Rapiro 的眼睛用发光的 LED 灯制成，它还能走路和移动手臂。

机器人 Rapiro

USB 端口

鼠标和键盘可以连接到这些端口，以便与计算机屏幕一起使用。

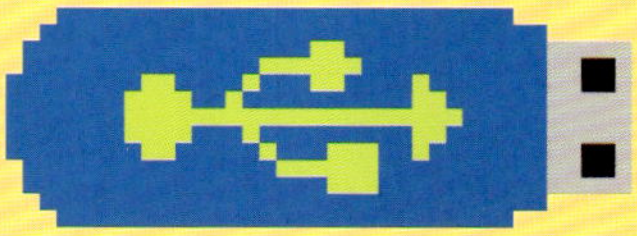

LAN（局域网）端口

树莓派通过这个端口利用有线连接上网。

哇哦！

树莓派自 2012 年发布以来，已经售出 1100 万台。

音频输出

可以将耳机或扬声器连接到这个端口听音乐。

著名程序员

自第一台计算机问世以来，计算机已经发生了很大的变化。全球的程序员一直致力于新技术的工作，其中有些人的创造改变了我们的世界。你知道的著名程序员有哪几位？

蒂姆·伯纳斯·李

1989 年，英国计算机程序员蒂姆·伯纳斯·李创建了万维网。万维网把互联网的网页连接在一起，供全世界数百万人使用。

格蕾丝·霍珀

格蕾丝·霍珀是美国海军少将，同时也是一位计算机科学家。她创建了世界上第一台计算机编译器——一个能将普通语言转换成被计算机理解的代码的程序。

马克·扎克伯格

在 2004 年创建社交媒体网站“脸谱网”后，大学生马克·扎克伯格成为世界上最年轻的亿万富翁之一。该网站在短短 10 个月内便拥有了超过 100 万个用户。

玛格丽特·汉密尔顿

美国计算机程序员玛格丽特·汉密尔顿就职于美国国家航空航天局。她负责开发的机载飞行软件在 1969 年将第一批人类送上了月球。

史蒂夫·乔布斯
史蒂夫·沃兹尼亚克

1976 年，苹果科技公司的创始人——美国人史蒂夫·乔布斯和史蒂夫·沃兹尼亚克研制早期家用计算机，现在，苹果品牌是世界上最成功的品牌之一。

比尔·盖茨

1975 年，美国人比尔·盖茨成为计算机软件公司“微软”的联合创始人。多年后，微软开发了 Windows 操作系统，这是一款在世界范围广泛使用的操作系统。

谢尔盖·布林
拉里·佩奇

1998 年，谢尔盖·布林和拉里·佩奇开发了世界上最流行的搜索引擎——谷歌。今天，大约有 80% ～ 85% 的互联网查询都是通过谷歌搜索引擎实现的。

对话专家

程序员兼作家杰夫 · 阿特伍德是 Stack Overflow（一个编程问答社区）和 Discourse（一个在线交流程序）两家公司的联合创始人。

问：我们知道您的工作和编程有关，但具体来说您的工作内容是什么？

答：我的工作是编写命令，告诉计算机要做什么，并且给出命令，让它做得更好。

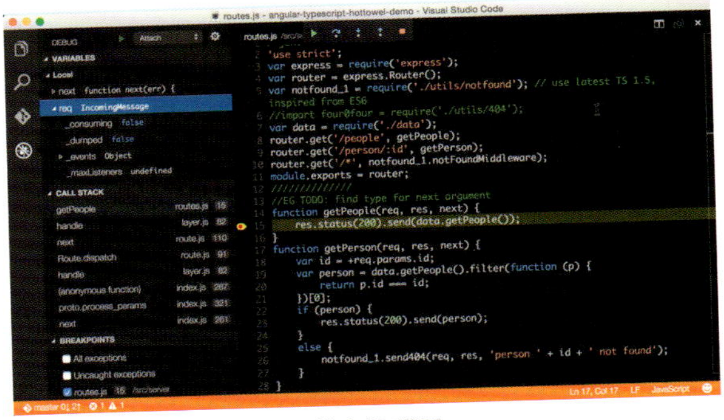

屏幕上的代码

问：是什么让您决定成为一名软件开发人员？

答：我一直喜欢电脑和电脑游戏，一旦看到我能自己发布游戏，而不只是玩别人发布的游戏，我就很容易上瘾。

问：在您开发的程序中，您自己最喜欢哪一个？

答：我们开发了 Stack Overflow 网站，它就像程序员的维基百科一样。

问：你们会使用其他特殊的设备吗？

答：我们使用速度快、内存大的计算机，还有多个显示器和漂亮的椅子。

问：您最喜欢编程工作的哪一点？

答：软件很容易变得更好，软件也同样鼓励人们做得更好，去帮助别人。

问：在工作日，您通常会做些什么？

答：我可以在家办公，起床后就直接去我的家庭办公室，我和团队通过互联网交流。

问：您在工作中遇到的最好的事情和最糟糕的事情是什么？

答：我工作中遇到的最好的事情，就是通过智能手机、笔记本电脑和计算机，用软件让我接触到很多人。最糟糕的事情就是我花了很多时间和计算机交谈，但它不会原谅你犯的错误，哪怕是小小的错误。

杰夫的计算机设备

对话专家

我们拜访了计算机科学家基基·珀斯曼，想知道如何像程序员一样思考。她是 code.org 网站的课程经理，code.org 网站正致力于让更多人参与编程。

问：我们知道您的工作和编程相关，但具体来说您的工作是做什么？

答：我到处旅行，向学生和老师展示如何像一个计算机科学家一样思考。

问：是什么让您决定成为一名计算机科学家？

答：当我还是个小女孩的时候，我爸爸就教我编程。我喜欢解决问题，喜欢计算机科学的创造性。

教孩子编程

问：工作中您最喜欢的事情是什么？

答：我现在正在做的项目，就是使用书籍、游和手工项目教孩子编程。这是一种教孩子编程新方式。

问：您会使用其他什么特殊的设备吗？

达达和达奇

答：我可以使用电脑、平板电脑、3D 打印机、学习游戏以及类似达达和达奇这样的机器人。

问：您最喜欢编程工作的哪一点？

答：计算机科学和芭蕾舞、诗歌、绘画非常相似。它需要不断地练习，但它又是一个很好的表达自己的方式。

问：在工作日，您通常会做些什么？

答：我真的没有一个普遍意义上的工作日。我经常在家工作，以至于许多工作我都是穿着睡衣时进行的。

问：您在工作中遇到的最好的事情和最糟糕的事情是什么？

答：我在工作中遇到的最好的事情就是我总是在做一些新工作。最糟糕的事情则是科技和教育的发展速度非常不一致。科技一直在变化！而学校变化得太慢！

游戏

虽然游戏在过去的年代是一个不常见的爱好，不过与在音乐或电影上的花销相比，现在人们更愿意在视频游戏上花费更多的钱。他们可以自己玩，也可以和朋友一起玩。游戏范围也从快节奏动作游戏扩展到以故事为中心的角色扮演游戏。

哇哦！

俄罗斯方块曾经是最流行的主机游戏，销售量超过 5 亿。

不同品牌的游戏机之间竞争激烈

游戏机

像 Xbox 或 PlayStation 这样的家用游戏机主机同样也是计算机，只不过它们的硬件是专门用来玩游戏的。这就需要游戏机能够提供高性能的图形和声音，功能性每年都要增强。

移动游戏

游戏机一直在变小。那些过去对电脑来说都显得太过高端的游戏，现在竟然可以在手机或平板电脑上玩。有的游戏是免费的，甚至可以在游戏中使用相机设置玩家周围的世界。

手机让你可以随时随地玩游戏

在线游戏

早期电脑游戏只有一个玩家。如今，在线游戏意味着数百万人可以在“大型玩家”游戏中一起玩，或者在网上分享他们的游戏经验。一些著名的游戏玩家可以吸引数百万观众观看游戏直播。

在线游戏意味着你可以和世界各地的人们一起玩。

吉他控制器帮助玩家在节奏游戏中摇晃。

特殊的控制器

不是所有的游戏控制器都使用按钮，有些游戏控制器看起来像乐器、跳舞毯，甚至方向盘。运动控制器允许玩家在没有控制者的情况下也能玩游戏，因为游戏会“监视”玩家并响应他们的动作。

虚拟现实

游戏的下一个重大进展就是虚拟现实。头戴式耳机使各种声响环绕在玩家周围，逼真的图形随着玩家的移动而移动，让玩家有一种身临其境的感觉。

虚拟现实游戏可以让玩家坐在驾驶座上操作。

团队合作

许多程序员组建团队一起工作。团队对于分配工作、提出新想法和解决问题都很有用。一个程序员可以因为能给团队带来特殊技能而获得一份工作。团队也是程序员分享知识和学习新技能的好方式。

图形程序员

现在的 App 应用丰富多彩、引人注目，有着很多令人难以置信的细节。图形程序员主要从事设计 App 应用界面的工作，因为他们擅长字体设计、运动（游戏）和艺术制作。

图形程序员从应用程序程序员那里得到设计需求和设计反馈。

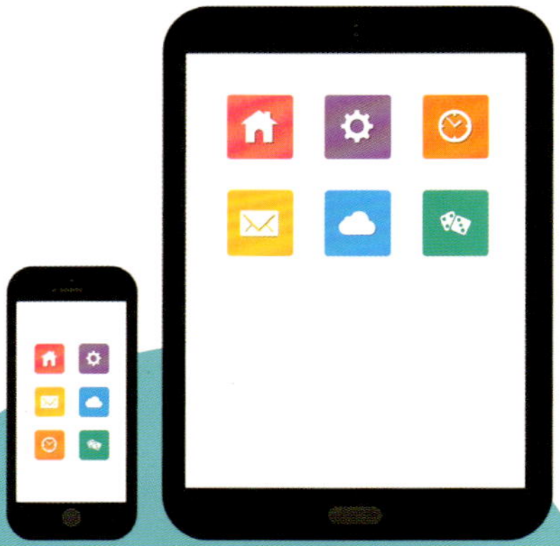

应用程序程序员和使用应用程序的客户交流，将他们在使用程序过程中所遇到的所有问题反馈给系统程序员。

应用程序程序员

通常一个或多个程序员负责创建一个 App 应用的界面，以及如何使用界面。这些应用程序程序员经常与客户打交道，确保一个 App 应用能为用户提供他们想要的功能。

网页程序员

网站通常有代码在后台运行，控制在线支付和视频加载等。每天都有数百万的互联网用户使用网页程序员创建的这类代码。

网站代码通常是根据应用程序程序员的设计需求而创建的。

系统程序员

手机、平板电脑和计算机都能运行App 应用。系统程序员通常得创建代码，让 App 应用可以在不同的操作系统中运行。

游戏程序员

游戏是最流行的 App 应用类型之一，游戏的整个开发团队是由程序员组成的，成员需要懂得怎么为分数、等级和特效等创建特殊的代码。

网页程序员需要系统程序员为不同的网站浏览器编写特殊的代码。

游戏程序员设计游戏界面以及玩家如何使用时，通常会使用应用程序来编程。

游戏程序员需要理解音频编码，以便在游戏中创建声音。

音频程序员

声音对很多类型的应用程序来说非常重要，尤其是游戏。音频程序员为您使用 App 应用时听到的声音创建代码。

学习编程

你可以使用书籍或在线视频学习编程。最重要的是尽可能多地编写代码——熟能生巧。第一次编写的代码不一定正确。虽然要花费很多时间解决问题，但是，一旦你能把代码修改正确并成功执行，这是非常令人兴奋的。

编写程序

像 Scratch 这样简单的程序，可以让你练习编写基本代码。比如，你可以编写一些指令，让一个角色在屏幕上到处移动。

玩！

利用编程游戏是一个学习编程的好办法，因为你可以按照自己的节奏、根据自己的想法，选择难度小或者难度大的游戏学习。

组装你自己的计算机

组装一台计算机可以知道它由哪些不同的部分组成，以及这些部分是如何一起工作的。这一切并不像你想象的那么难。

键盘

内存存储信息

硬盘将数据保存在磁盘中，并读取磁盘里存储的数据。

鼠标

用代码对话

尽可能多学些不同的编程语言，如 Python、Ruby 和 C++，这样你就可以为不同的工作类型编写代码。

合作编程

你不必自学编程，世界各地都开设了教授编程的学校。学习编程最有趣的方式就是有一个伙伴，或是成为一个团队中的成员。一旦你学会了，你甚至可以教其他人学习编程。

成为机器人大师

使用机器人工具包组装一个机器人很容易。你可以编写代码指令告诉机器人该做什么。

主板连接计算机的不同部分。

你可以用代码控制机器车。

一些有趣的事实和数字

编程是一个值得探索的迷人领域。下面这些不可思议的精彩事实和数字，你可能还不知道。

1980 年，美国国防部把一种新的计算机语言命名为 **ADA，**以纪念世界上第一位计算机程序员阿达 · 勒芙蕾丝。

世界上**最年轻的计算机程序员在 6 岁时**被认证为“微软办公专业人士”。

如果把编程语言种类看成是一个国家的语种，那么居住在这里的人们使用的**语种数量排名世界第三，**仅次于印度尼西亚和巴布亚新几内亚。

2239 英镑

1976 年 7 月发布的 Apple 1，其售价相当于今天的 2239 英镑（2841 美元）。现代苹果电脑售价在 1025 英镑（1300 美元）左右。

Apple 1
（第 1 代苹果电脑）

现代苹果电脑

1613 年，一本书上第一次使用了 **computer**（**计算机**）这个单词。它的意思是一个正在进行计算的人。

第一个
在实验室之外制作出来的
计算机病毒
是一个 15 岁学生的恶作剧。

谷歌搜索在 0.2 秒内可以查看 **1000 台计算机**。

35 天

App 应用“愤怒的小鸟”上线后 35 天就获得了 5000 万用户。

世界上最快的电脑

是“神威太湖一号”，它的运算速度是每秒 3900 万亿次。

10 台

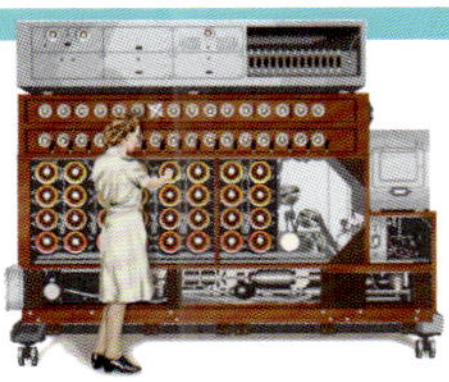

“二战”期间，在英国米尔顿 · 凯恩斯小镇的布莱切利公园基地，有 10 台巨型机器被用于破译德军密码。

200 小时

开发“太空大战”游戏使用了 200 小时，这是最早的主机游戏之一。

11 千克

世界上第一台笔记本电脑重约 11 千克，和一个 18 个月大的孩子差不多重。

词汇表

下面是一些词汇的含义，这些词汇对学习编程很有用。

App 为执行特定任务而设计的程序，通常用于移动设备

ASCII 码 用计算机能够理解的形式存储数字和字母的代码

HTML 网页编程语言，超文本标记语言的缩写

RAM 计算机的临时存储器，用来帮计算机跑得更快。RAM 是“随机存取存储器”的英文缩写

ROM 计算机的永久存储器，存储重要的程序，这些程序告诉计算机如何工作。ROM 是“只读存储器”的英文缩写

Scratch 最容易学习的编程语言之一，使用彩色的“积木”编程和显示动画角色

比特 计算机中最小的数据单位。计算机数据以字节为单位存储，1 个字节等于 8 个比特

编程 创建让计算机执行的指令，用特殊的语言编写而成

病毒 通过感染其他程序达到毁坏文件目的的恶意软件

操作系统 计算机中最重要的程序，控制所有的计算机功能

程序 为了完成任务，计算机执行的一系列指令

处理器 按照机器代码运行程序的计算机芯片

屏幕是计算机硬件的一部分。

代码 编写的命令或语言，常用于计算机程序

调试 检查错误的代码并去除它们

恶意软件 窃取信息或损坏计算机的有害程序

二进制 计算机中用来存储信息的代码。二进制通常只用 0 和 1 代表字母和数字

服务器 通过网络连接，在计算机之间传输信息的计算机

黑客 编写恶意程序（也称恶意软件）、非法进入计算机的人

后端 计算机程序的一部分，对使用者来说是隐藏的

互联网 连接世界各地计算机的网络

汇编代码 一种简单的计算机代码，人们不容易读懂

计算机 根据程序执行不同任务的机器

加密 为保密，将计算机数据转换成另一种形式，只有少数人能读懂

浏览器　访问互联网的程序

漏洞　程序中的错误，可以让计算机出故障或停止工作

内存　计算机中存储即时信息的物理设备

蠕虫病毒　能够复制传播到其他计算机的有害程序

软件　让计算机工作的各种程序

上传　通过互联网把数据副本传给另一台计算机

社交媒体　允许用户彼此交流和分享内容的网站或应用程序

树莓派　用来教人们学习计算机如何工作的微型电脑，它连接不同的设备，能运行程序

数据　信息的另一种说法，通常以比特为单位，存储在计算机的内存中

数字设备　使用二进制代码的电子设备

算法　用于执行任务的简单的、一步一步的指令集。给计算机编写的算法被称为程序

图形　计算机产生的图像

万维网　信息页面的集合，也称网页，像网一样互相连接

网络　两个或多个相互连接的计算机，彼此之间以线上方式交流

网站　互联网上网页链接的集合

Wi-Fi　在不使用网线的情况下，允许计算机连接到其他电子设备或互联网的技术

下载　通过互联网，在一台计算机上接受另一台计算机的数据副本

芯片　存储数据或运行程序的微型设备

硬件　计算机的物理部分，比如键盘和数据线

硬盘　计算机中存储永久信息的内置设备

游戏机　为玩游戏而设计的计算机

语言　一些词汇和规则的集合，用于向计算机发出指令

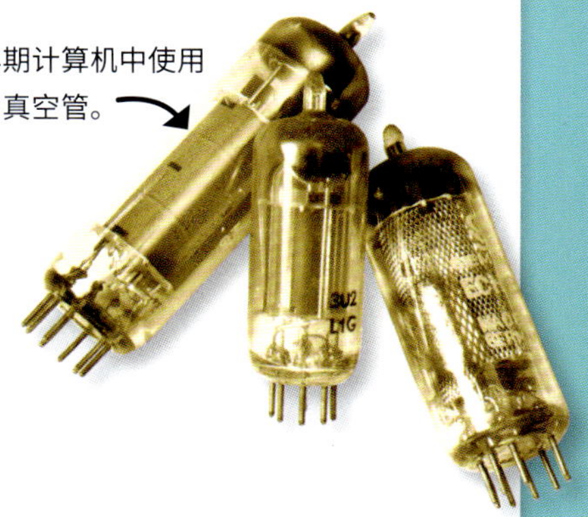
早期计算机中使用的真空管。

运行时间　程序工作或运行的时间。运算速度快的计算机，运行时间也短

真空管　早期计算机中用作开关的玻璃管

主板　连接计算机上所有主要部件的电路板，在计算机部件之间传递指令

索引

致谢

感谢以下人士在编写本书时给予的帮助：插图丹 · 克里斯普、校对卡罗琳 · 亨特、编辑索引希拉里 · 伯德、杰夫 · 阿特伍德和基基 · 珀斯曼参与《对话专家》访谈。Scratch 是由麻省理工学院媒体实验室的终身幼儿园小组开发的，网站地址为：http://scratch.mit.edu。

本书出版商由衷地感谢以下名单中的人员提供照片使用权：
t=顶端, a=上方, b=下方, l=左侧, r=右侧, c=中间, f=底图

2 **123RF.com:** Сергей Тряпицын (fbl, bc). **Bridgeman Images:** Private Collection / Prismatic Pictures (br). **Digital Vision:** Don Farrall (cb). **Dreamstime.com:** Alisali (bl). **3 123RF.com:** golubovy (bc). **Dreamstime.com:** Jannoon028 (bl). **Getty Images:** Mary Delaney Cooke (crb). **4 Alamy Stock Photo:** Ievgen Chepil (tl); Artur Marciniec (bc); Nippon News (cr). **5 Alamy Stock Photo:** Blue Jean Images (tl). **Getty Images:** Bloomberg (cb). **NASA:** (cr). **6 Alamy Stock Photo:** Wil Davis (clb). **Dorling Kindersley:** British Museum (br). **7 Alamy Stock Photo:** Monika Wisniewska (bl). **8-9 Alamy Stock Photo:** Photo Researchers (tc). **Getty Images:** Education Images (bc). **8 Getty Images:** Science & Society Picture Library (bl). **9 Alamy Stock Photo:** Photo Researchers (tr). **Getty Images:** C Squared Studios (br). **10-11 Alamy Stock Photo:** Pictorial Press (bc). **11 Dreamstime.com:** Andersastphoto / MacBook Air® is a trademark of Apple Inc., registered in the U.S. and other countries. (br). **Getty Images:** Science & Society Picture Library (c). **13 Rex by Shutterstock:** Eileen Tweedy (bl). **14 Alamy Stock Photo:** Interfoto (tr). **16-17 Alamy Stock Photo:** Roger Bacon (tc). **Bridgeman Images:** Private Collection / Prismatic Pictures (bc). **18-19 Getty Images:** Mary Delaney Cooke. **19 Alamy Stock Photo:** Pictorial Press (crb). **Rex by Shutterstock:** Reativ Studio Heinemann / Imagebroker (cra). **20 Alamy Stock Photo:** Zoonar / Peter Schmalfeldt (b). **21 Alamy Stock Photo:** Mark Waugh (tr). **Science Photo Library:** Andy Bernhaut (br); Earl Scott (c). **24 Alamy Stock Photo:** Interfoto (cra); Sinibomb Images (bl, fbl). **©TAITO CORPORATION 1978 ALL RIGHTS RESERVED:** (br). **25 © 1980 BANDAI NAMCO Entertainment Inc.:** (bl). **Alamy Stock Photo:** Interfoto / History (cra). **Getty Images:** GamesMaster Magazine (br). **26-27 Dreamstime.com:** Rawgrouppro (tc). **26 Dreamstime.com:** Alisali (bc). **27 Digital Vision:** Don Farrall (br). **28 Photo Scala, Florence:** The Museum of Modern Art, New York (c). **29 Alamy Stock Photo:** A. Astes / iMac® is a trademark of Apple Inc., registered in the U.S. and other countries. (cb). **Dreamstime.com:** Anton Samsonov / iMac® is a trademark of Apple Inc., registered in the U.S. and other countries. (t). **34 Dreamstime.com:** Jannoon028 (bl); Tyler Olson (br). **35 Alamy Stock Photo:** Javier Larrea (bl). **Dreamstime.com:** Jirsa (tr); Syda Productions (tr/image on Hoading). **NASA:** JPL-Caltech / Malin Space Science Systems (br). **38 Dreamstime.com:** Luminis (clb); Vitaliy Tsvetkov (clb/bacground books); Photographerlondon (br). **39 Alamy Stock Photo:** D. Hurst (bc). **41 Alamy Stock Photo:** Leland Bobbe (tr). **42 Alamy Stock Photo:** B Christopher (bl); Cigdem Simsek (cr). **Dorling Kindersley:** Ruth Jenkinson (crb). **43 Alamy Stock Photo:** National Motor Museum (tc). **iStockphoto.com:** erzetic (tl). **47 Getty Images:** Yoshikazu Tsuno (cra). **48 Alamy Stock Photo:** European Pressphoto Agency B.v. (tr). **Getty Images:** ynthia Johnson (clb). **Rex by Shutterstock:** John Salangsang (crb). **49 Alamy Stock Photo:** Roger Bacon (tr); ES Imagery (clb); European Pressphoto Agency B.v. (crb). NASA. **50 Jeff Atwood:** (tr). **51 Kiki Prottsman:** (tr). **Wonder Workshop:** Kiki Prottsman (cra). **52 Dreamstime.com:** Lisa F. Young (cl). **Getty Images:** Ruslan Shamukov (br). **53 Getty Images:** Bloomberg (tr); Amy Graves (cl); Rosdiana Ciaravolo (br). **56 123RF.com:** Сергей Тряпицын (clb, bc, br). **57 123RF.com:** golubovy (br); Сергей Тряпицын (bl). **Alamy Stock Photo:** Ron Nickel (cra). **58 Alamy Stock Photo:** A. Astes / iMac® is a trademark of Apple Inc., registered in the U.S. and other countries. (br); IanDagnall Computing (tr). **Dreamstime.com:** Anton Samsonov / iMac® is a trademark of Apple Inc., registered in the U.S. and other countries. (crb). **Science Photo Library:** Volker Steger (bc). **59 Alamy Stock Photo:** Xinhua (cb). **Dreamstime.com:** Lim Seng Kui (c). **60 Dreamstime.com:** Andersastphoto / MacBook Air® is a trademark of Apple Inc., registered in the U.S. and other countries. (bl). **Getty Images:** Science & Society Picture Library (tl). **61 Rex by Shutterstock:** Reativ Studio Heinemann / Imagebroker (tr). **62 Alamy Stock Photo:** Nippon News (tl)

Cover images: *Front:* **123RF.com:** golubovy ca; **Bridgeman Images:** Private Collection / Prismatic Pictures br; **Dreamstime.com:** Alisal crb; **Rex by Shutterstock:** Eileen Tweedy cra; **Photo Scala, Florence:** The Museum of Modern Art, New York cr; *Back:* **Alamy Stock Photo:** Nippon News tr; **Dreamstime.com:** Tyler Olson clb; *Front Flap:* **123RF.com:** Сергей Тряпицын tl, tr/ (mother borad); **Alamy Stock Photo:** A. Astes / iMac® is a trademark of Apple Inc., registered in the U.S. and other countries. br; **Rex by Shutterstock:** Reativ Studio Heinemann / Imagebroker cr; *Back Flap:* **Getty Images:** Nash Photos clb; **iStockphoto.com:** Naumoid tc; *Front Endpapers:* **123RF.com:** Alexmillos 0crb; Alamy Stock Photo: Interfoto / History 0bc (Apple Lisa), Interfoto / Personalities 0cla, Photo Researchers 0bc, World History Archive 0bl; **Getty Images:** Bettmann 0ca, Miguel Riopa 0ca (Ray Tomlinson); *Back Endpapers:* **Alamy Stock Photo:** European Pressphoto Agency B.v. 0tc, 0bl, Granger, NYC 0cb (Hollerith), Photo Researchers 0ca; **Bridgemar Images:** Private Collection / Prismatic Pictures 0cb; **Getty Images:** Apic 0cb (Intel microprocessor), Freek Van Den Bergh 0br; **iStockphoto.com:** Mbbirdy / iPad® is a trademark of Apple Inc., registered in the U.S. and other countries. 0cb (I pad) b

其余图片版权归英国DK公司所有，更多信息详见www.dkimages.com

我已经获取的知识：

计算机历史

计算机是处理信息的机器。这里是一些令人难以置信的计算发明。

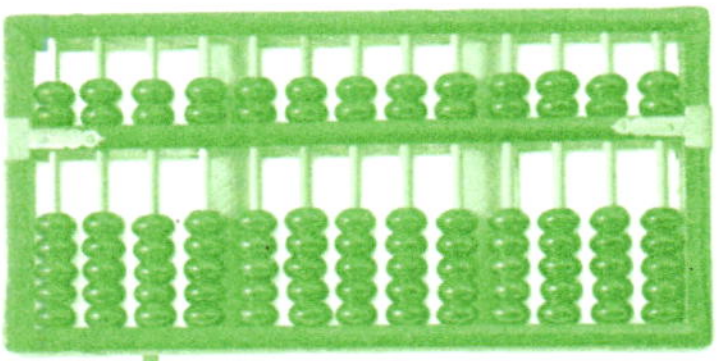

公元前500年

算盘

算盘用于基本的数学计算，在世界各地，包括埃及、希腊和中国，都可以看见它的身影。

公元前200年

安提凯希拉装置

古希腊人使用这个装置预测星星和日蚀的位置。

从一艘沉船中找回的安提凯希拉装置。

公元700年

第一个时钟

发明于中国，这个机械钟是由流水提供动力的。

1801

穿孔卡片织布机

约瑟夫 · 雅卡尔发明了一台穿孔卡片织布机，可以编程织物上的图案。

1822

差分机

查尔斯 · 巴贝奇设计出差分机，这是早期由齿轮驱动的计算机。

1888

制表机

赫尔曼 · 霍尔瑞斯发明的机器，使用打孔卡存储数据。

霍尔瑞斯机从1890年人口普查开始广泛使用，记录数据。

1936

图灵机

艾伦 · 图灵提出的一个假想的机器，可以按指令编程。

1943

ENIAC

第一台电子通用计算机在美国宾夕法尼亚大学建成。